U0228077

书藏古今　港通天下

shu cang gu jin　gang tong tian xia

传播城市

城市形象对外宣传策略

CHUANBO CHENGSHI
CHENGSHI XINGXIANG
DUIWAI XUANCHUAN CELÜE

◎许雄辉　著

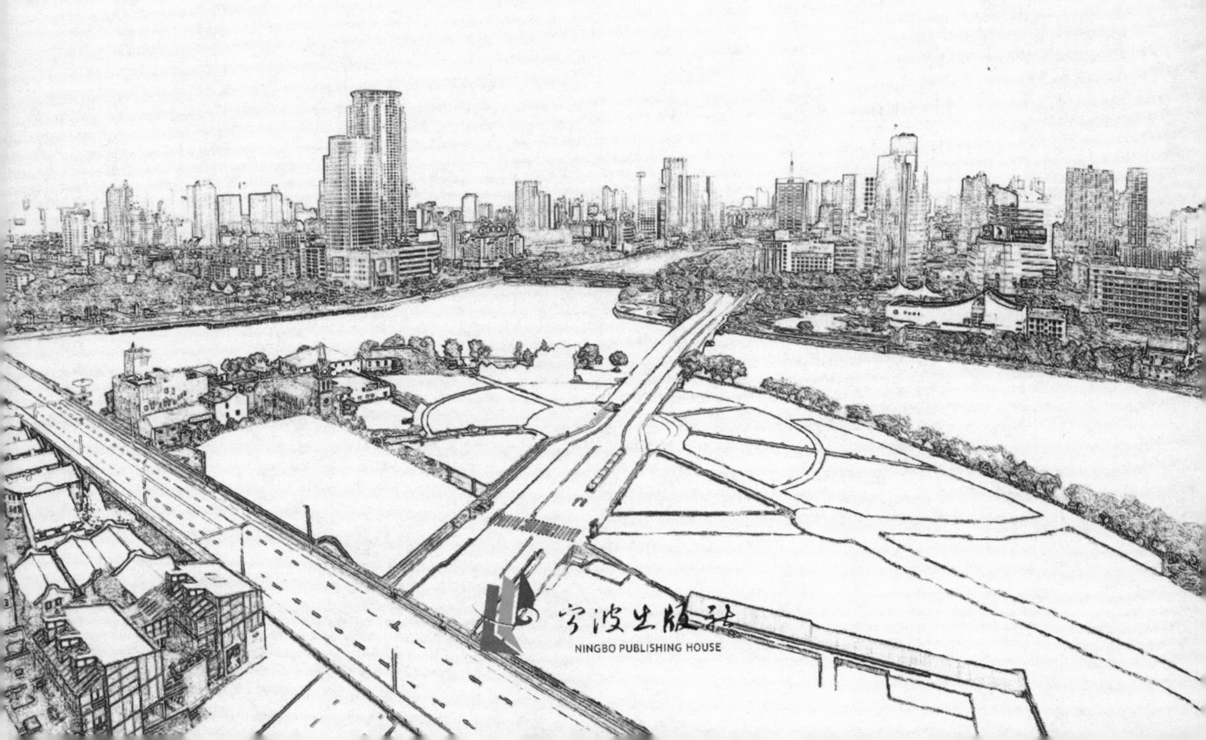

宁波出版社
NINGBO PUBLISHING HOUSE

图书在版编目(CIP)数据

传播城市:城市形象对外宣传策略/许雄辉著.
—宁波:宁波出版社,2013.10
ISBN 978-7-5526-1205-9

Ⅰ.①传… Ⅱ.①许… Ⅲ.①城市规划—研究
Ⅳ.①TU984

中国版本图书馆CIP数据核字(2013)第241740号

传播城市: 城市形象对外宣传策略
许雄辉 著

出版发行 宁波出版社
地址邮编 宁波市甬江大道1号宁波书城8号楼6楼 315040
网　　址 http://www.nbcbs.com
责任编辑 王晓君　黄　彬
装帧设计 金字斋
开　　本 787mm×1092mm 1/16
印　　刷 宁波报业印刷发展有限公司
印　　张 12.25
字　　数 180千
版次印次 2013年10月第1版　2013年10月第1次印刷
标准书号 ISBN 978-7-5526-1205-9
定　　价 48.00元

序

传播城市:城市发展理念与实践的新维度

孟　建

许雄辉的专著《传播城市:城市形象对外宣传策略》一书(以下简称《传播城市》)正式出版了。当散着油墨芳香的新作呈现在我面前时,扑面而来的,不仅仅是一种学术著作问世的喜悦春风,洋溢其间的,还有作者对现代城市内涵的深刻理解和对现代城市传播的独特诠释。

城市研究,城市传播研究,随着中国改革开放的进程已经渐成"显学"。但是,许雄辉这本专著所涉猎的,所关注的,所研究的,是一个在新的国际、国内传播整体环境中新的城市形态。该著作核心的一点就是:以城市软实力为核心全面建构城市形象体系,并努力寻求城市形象传播的全新路径。

近年来,宁波经济社会科学发展,城市化程度不断提高,城市面貌日新月异,逐渐形成了"经济发展,社会和谐,文化繁荣,城市文明,生活幸福"的良好城市形象。同时,在市委、市政府的重视下,经过各级各部门的共同努力,宁波市以一句城市口号、一本城市画册、一部城市形象专题片、一部电影、一部电视剧等城市形象宣传"五个一"工程为载体,通过新闻、广告、社会、环境、文艺等多"宣"联动,城市形象对外传播推广也取得了良好效果。但是,从宁波所处新的历史发展阶段来判断,从城市形象本身的科学内涵来分析,从国际、国内知名城市的做法来比较,我们宁波的城市形象宣传还存在很大的改进空间。

有关资料和综合信息研判显示：从整体而言，宁波城市形象建构与传播，“碎片化”问题比较突出，城市形象建构与传播两方面的水平相对滞后。主要表现在城市形象总体定位上聚焦不够，特色不明，对城市形象缺乏战略规划和顶层设计，城市形象塑造工作处于分散，各自为战的状态，没有形成合力。究其原因主要是由于受惯性思维影响，导致宁波城市形象宣传一直走老路，不少部门对“城市形象”的深刻内涵缺乏科学认识和前瞻性判断，部门职责不够明晰，运行机制也不健全，城市形象构建和传播推广缺乏整合和统筹。

当前，围绕宁波市第十二次党代会提出的“两个基本”和“四好示范区”奋斗目标，在宁波推进城市国际化过程中，须进一步高度重视城市的品牌及形象在当今时代具有的极为重要的战略地位，须对宁波城市形象宣传工作进行重新审视、定位和布局。具体而言，以下三方面是关键。

一是要提高认识，形成城市形象也是生产力的共识。城市形象是新经济条件下极其重要的“注意力资源”，城市品牌是城市核心竞争力、文化软实力和国际影响力的重要标志，担负着整合城市其他生产力要素的重要功能，当今时代，城市品牌及形象已成为城市经济社会发展的重要支撑。

二是要加强基础研究和规划，夯实宁波城市形象建设的理论根基。城市形象建设是一个庞大的系统工程，它的内涵和外延都很广，其基本要素包括城市理念、城市行为、城市视觉三个子系统。当务之急要针对宁波实际，加强对宁波城市形象品牌构建与传播推广的战略布局研究和规划，从战略层面对宁波城市形象战略进行顶层设计。

三是要统筹协调，整合渠道，形成宁波城市形象对外宣传的合力。要统筹资源和力量，整合各类对外宣传的载体，打通各类对外传播的渠道，构筑宁波走向世界的新平台。其间，尤其要注重新媒体的传播策略，加强新媒体的传播力度。

《传播城市》一书，是许雄辉在强烈的责任感驱使下，以宁波城市形象宣传实践为案例，对城市形象塑造与建设、城市形象营销战略谋划与城市形象对外宣传对策课题研究取得的成果。他从调查研究入手，以系统论的分析方法，从理论的层面，提出了一个城市形象对外宣传的系统操作方略。对我们正在开展加强城市形象对外宣传工作、解决宁波城市形象“碎片化”问题提供了思路,非常及时,也有很强的针对性。

当然,许雄辉这一著作,也大大得益于他的特殊身份——宁波日报报业集团的一名高级记者、东南商报社原副总编。他参与了宁波城市形象的诸多重要活动,如主题口号“书藏古今 港通天下”和宁波城市形象标识的征集活动全过程。他为宁波城市形象宣传倾注了大量的心血。

我们有理由相信,此书的出版将给城市形象研究与城市形象传播研究,贡献新的学术思想。同时,此书的出版也将给宁波这座美丽而又充满活力的城市,注入新的腾飞力量。

是为序。

(序言作者系国务院新闻办省部级新闻发布评估组组长、中国传播学会副会长、复旦大学国际公共关系研究中心主任)

目录

CONTENTS

第三章

城市形象塑造与建设

努力做好城市基础建设、城市文化建设、城市生态建设，同时发展城市形象品牌建设及城市识别系统建设，塑造好城市的内在品质，为城市形象的对外展示和传播，提供坚实的软硬件基础。

第四章

城市形象对外宣传的方法和途径

通过整合传播的方法来营销城市形象：包装 —— 推出城市亮点；参评 —— 扩大城市影响；传播 —— 采取多种手段。加强对外传播基础工程建设，融入世界话语体系 ……

第五章

城市形象对外宣传的营销战略谋划

实施“港桥联动”的对外宣传战略。“港”就是宁波港，是建设现代化国际港城之“港”。“桥”是杭州湾跨海大桥，也是商贸之桥、经济之桥、对外开放之桥 ……

第六章

城市形象对外宣传七“借”策略

经济活动投入产出比是经贸人士在谋划经济发展中首先要考虑的因素之一。对外宣传也有投入产出的效益回报问题,如何以较少的投入获得较好的,甚至很好的城市形象对外宣传效益,七“借”策略,不失为好的途径。

第七章

城市形象主题口号、标识征集案例

“您心中的宁波——城市形象主题口号”征集活动,像一场万众参与的大合唱,旋律动人、气势磅礴。它饱含了新老宁波人对家乡、对宁波的挚爱真情和美好愿景,也凝聚了海内外宁波籍人士的文思和才情,成为一次问计于民、集中民智、迸发创新活力的宣传活动 ,也成为宁波市对外宣传工作,特别是城市形象宣传的一个著名案例。

引　言

是城市改变了你，还是你改变了城市？

在20世纪六七十年代，人们穿着打扮出奇地整齐划一，衣服的款式只有几种，颜色不是白色和绿色，就是灰色和蓝色。在中国，服装“革命”是从喇叭裤开始的，后来又有了牛仔裤，不久开始风行西装。再后来，五颜六色、五花八门的时装就各展风姿了。街头不再是单一的灰色，生活不再是简单的重复。人们发现，中国的街市变得那么繁华，街上的人变得那么漂亮。在街头，扫一眼到处都是明星般耀眼的帅哥靓女。是服装改变了城市，还是城市改变了服装？也许，都是……

2013年6月的一天，媒体报道了一则新闻：在南京，一位外国人因在自己住的小区找不到家而大哭起来，因为南京这个小区有91幢一模一样的楼房。如今的城市，越来越同质化。不说千房一面的小区让人找不着北，千城一面的城市亦难分彼此。哪怕到一个新的城市，也会发现，这座城市的房屋和道路跟我家所在的城市几乎一样，没什么区别。记忆中的马头墙、吊脚楼和四合院一夜之间都消失得无影无踪。是生活改变了城市，还是城市改变了生活？已无从说起。若让现在出生的孩子以为世界原本就是这样，岂不令人慨叹。

而今，人们开始反思，由人组成的城市也要像人一样，穿得更有个性，活得更加精彩，在这个纷繁的世界中脱颖而出，受人青睐，提高回头率。于是人们开始重新审视自己生活的城市，希冀让它像明星一样亮出自己的新形象，展示在世界的舞台，然后捧回属于自己的经济“奥斯卡”奖杯。

那么，一座城市，怎样才能让人记住？怎样才能在众多城市中保持自己的个性与魅力呢？这就要靠“传播”的力量了。

传播城市 >>> 第一章

城市形象对外宣传概说

宁波三江口

在城市发展竞争激烈的今天，城市形象已被塑造成一件巨大的商品，搁在世人面前。以往的城市对外宣传是吆喝型的“请看看我的东西，来买吧！”今天，我们致力于寻找一种与市场直接接轨的营销型方式，变“吆喝型”为“吆喝加需求型”——“这东西我急需，我下定单！”如此，就有大批定向客户嚷嚷“我要来旅游”、“我要来购买”、“我要来投资”……城市形象及其知名度将以几何级数式的效应递增，进而产生巨大的影响力和辐射力……

第一节　城市文化与城市形象

现代城市发展已进入经济全球化的时代，城市成了全球经济活动、政治活动和文化发展的重要节点，世界各地的城市已处于前所未有的激烈竞争的环境之中，国际经济竞争激烈在很大程度上就体现在城市之间的竞争。当今时代，城市比以往任何时候都需要以全球视角来审时度势，发掘并利用新的资源；同时，城市也比以往任何时候都需要更多地认识和创造本地的资源，以发展比较优势，增强竞争能力。而城市良好形象及对外宣传的放大效应，在一定程度上已成为推动城市向前发展的直接动力和助推器。

一、城市文化

(一)城市的起源

什么是城市文化，我们先从城市说起。现代社会，人们向往城市生活，因为城市不仅是富足的标志，而且是文明的象征。城市能够让人们生活得更美好。

为什么会有城市，学术界关于城市的起源有三种说法：

1. 防御说

即建城郭的目的是为了不受外敌侵犯。村落或部落之间常常为了一只猎物而发生械斗。于是，各村落或部落为了防备其他村落的侵袭，便在篱笆的基础上筑起城墙。《吴越春秋》中有这样的记载："筑城以卫君，造郭以卫民。"城以墙为界，有内城、外城的区别。内城叫城，外城叫郭。

2. 集市说

认为随着社会生产发展，人们手里有了多余的农产品、畜产品，需要有个集市进行交换。进行交换的地方逐渐固定了，集聚的人多了，就有了市，后来就建起了城。唐初大学者、京兆（今西安一带）人颜师古曾说："古未有市，若朝聚井汲，便将货物于井边货卖，曰井市。"这便是井市的来历。先有"市"，后又将周围建墙围起，便有了"城"，城市就此形成了。

3. 社会分工说

认为随着社会生产力不断发展，一个民族内部出现了一部分人专门从事手工业、商业，另一部分人专门从事农业。从事手工业、商业的人需要有个地方集中起来，进行生产、交换。所以，才有了城市的产生和发展。

总的来说，城市的内涵可一分为二。汉字"城"的本意，是居民以土为墙，抵御外敌。"市"的本意是集市，是市民集聚交换货物的地方。最早的城市就是因商品交换集聚人群后形成的。古长安之东市与西市，酿就了汉语口语中最常见的和商业有关的俚语"买卖东西"。城市的出现，同商业的变革有直接的渊源关系。最初城市中的工业集聚，也是为了使商品交换变得更容易而形成的，可就地加工，就地销售。在城市中直接加工销售相对于把在乡村已加工好的商品拿到城市中来交换而言更便利，这正是一种随着工业城市的出现而产生的一种商业变革。

（二）城市的功能与标准

现代的城市包括城市规模、城市功能、城市布局和城市交通，而这几方面所发生的变化，都必然会对城市的商业活动带来影响，促使其发生相应的变革。现在的城市，抵御的意义已经渐渐淡化，集市的意义渐为主导。那么现代城市的发展，从某种意义上说，即是货物与金钱流通的节点。最终，城市成为财富的堆积之所，成为拥有财富之人集聚生活的地方。

从形式上来说，城市是循着这样一条线路图演变而来：

村落▷自然村落（冲，寨，社，岙）▷村庄▷行政村▷村镇▷集镇（社区）▷镇（市镇，城镇，乡，县城）▷城市（小区，新村，里弄，街道）▷城市群

而城市的最终确认标准与人口有莫大关系。联合国将2万人作为定义城市的人口下限，10万人作为划定大城市的下限，100万人作为划定特大城市的下限。

中国在各个时期也有过与人口相关的城市划分规定，如20世纪50年代就制定了《关于城市划分标准的规定》，1989年又制定通过《中华人民共和国城市规划法》。但随着我国城市化进程加快、中西部与东部城市人口分布的差异凸显，至今也没有特别强调人口规模的下限。但一般来说，根据常住人口的多少，可分为城市和集镇两类。2万人以上的为城市，其常住的人口为城市人口。2000人以上，2万人以下，其中非农业人口超过50%的为集镇，其常住人口为集镇人口。但有些港口工矿区、铁路枢纽、商业中心、风景旅游区等，虽不足2000人，但其中非农业人口若在75%以上，也可划为城镇居民区，其常住人口可划为集镇人口。按原先的划分标准：城市人口在10万人以下的为小城市，10万—50万人的为中等城市，50万—100万人的为大城市，100万以上的为特大城市。

而在社会科学文献出版社2010年出版的《中小城市绿皮书》中指出：依据中国人口规模现状，提出了一种新的划分标准——这个标准则把市区人口在50万人以下的都划为小城市，50万—100万人的为中等城市，100万—300万人的为大城市，300万—1000万人的为特大城市，1000万人以上的为巨大型城市。

（三）城市文化的根基

一个城市的文化根基是这座城市的灵魂。近些年我们不断加大对文化遗产的保护力度，为什么呢？因为历史与未来的创新之间联系密切。而利用

文化为经济发展助力是非常有效的方式，比如城市中有很多庙宇、牌坊等古建筑，这些都是当地文化有形的象征，有助于定义城市的无形资产——“文化”，并且为城市增值。一个城市的价值包括独一无二的自然景观，也包括悠久的历史和丰富的文化，尤其是传统的生活方式和当地的风俗，融合在一起成为具有象征性、符号性、地域性的城市文化根基。而这些基本因素通过艺术，人文活动（如音乐、手工艺等）以及创意设计，更加得以彰显。

如何用一种城市文化塑造城市形象？许多国家和城市都在用不同的策略重塑传统历史城市的现代形象。比如巴黎已被塑造成时尚之都，维也纳被称为音乐之都等等。这些城市，正是通过挖掘、概括、提炼了自身独特的城市文化魅力，才得以塑造了城市品牌，提升了城市形象。

二、城市品牌与城市营销

（一）城市品牌

我们越来越生活在一个全球化的世界中，人们的沟通和交流更加便捷频繁，不同国家之间，不同城市之间，竞争变得更加激烈，包括在旅游开发、招商引资等方面。

那么，在这么复杂的新环境下，名声就变得非常重要。而名声就是品牌。如果一个国家和城市有非常正面和强大的名声，影响力当然也会非常大，对于旅游业来说就会有很大帮助，否则推广的成本就要昂贵很多。

因为世界上大多数人对很多国家并不是非常了解。世界知名政府品牌形象顾问、世界著名的国家与城市形象策略专家英国人西蒙·安浩做过一项调查，发现世界上大部分人只关注三个国家，中国和美国是前两个国家，第三个国家是跟个人有关系的国家，比如他们将来要去度假的国家，或者是他们的孩子要去上学的国家。而世界上共有205个国家[①]，这就意味着对普通人来说，有202个国家是完全被忽视的。而想要人关注就要有知名的品牌。所以很多国家正在不断努力提升自己国家的知名度，打造自己的城市品牌。

①资料显示：世界现总共有220个国家和地区，联合国成员国有193个。

（二）城市吸引社会关注的"四要素"

2012 年 8 月 16 日，在武汉举办的亚洲城市论坛上，西蒙·安浩讲述了城市吸引社会关注的四个要素，被称作"MARS"模式。

M:Moral，即道德，指的是一座城市的善意，人文关怀和民众福祉；

A:Appreciation of the beauty，即审美，反映环境生态对城市品质的影响；

R:Relationship，即关联，城市与每一位到访者是否能够产生关系；

S:Strength，即强项，一座城市在某个方面的突出优势或者特色。

西蒙·安浩想找出到底是哪些因素驱使人去思考或者是关注另外一些城市，结果发现，以上这四个因素非常重要。比如，北京是个大城市，是中国的首都，人很多，面积很大，这给人以深刻印象，众所周知；但是也有一些小城市，也被称作是非常有知名度的城市，因为在道德、审美、关联，以及强项得分较高。所以这四个方面可以视作城市营销的四要素。

（三）城市营销

"城市营销"概念最早来源于西方的"国家营销"理念。

菲利普·科特勒在《国家营销》一书中提出，一个国家也可以像一个企业那样用心经营。"城市营销"是由 "国家营销"衍生而来。"城市营销"主张将城市视为一个企业，将城市的各种资源以及所提供的公共产业或者服务，以现代市场营销的方式向购买者兜售。它包括一个城市内产品、企业、品牌、文化氛围、贸易、环境、投资环境乃至城市文化形象和人居环境等全方位的营销，其营销市场既包括本地市场、国内市场以及海外市场，还包括互联网上的虚拟市场。

在城市发展竞争激烈的今天，城市形象已被塑造成一件巨大的商品，搁在世人面前。以往的城市对外宣传是吆喝型的"请看看我的东西，来买吧！"今天，我们要力求寻找一种与市场直接接轨的营销型方式，变"吆喝型"为"吆喝加需求型"—— "这东西我急需，我下定单！"。如此，就有大批定向客户：

“我要来旅游”、“我要来购买”、“我要来投资”…… 城市形象及其知名度将以几何级数式的效应递增，进而产生巨大的影响力和辐射力。这就是城市营销的魅力。

（四）城市形象

城市形象作为一个城市的风格、个性、实力以及人们认知的综合体，“它凝聚和体现着城市的功能、理念、整体价值取向以及由内向外的辐射力和由外向内的吸引力”。

良好的城市形象能够放大城市价值，提升城市竞争力。城市形象宣传最终目的和效应是促进城市经济的发展。良好的城市形象，能够转化为无法估量的经济推动力。信息时代的经济就是注意力经济，也就是所谓“眼球经济”，在各种经济要素顺畅流动的今天，谁最受关注，谁就拥有吸引资源的强劲磁力。

正因如此，如何塑造良好的城市形象，许多城市都摆上了重要而紧迫的议程。从国内的情况看，从 20 世纪 90 年代最初兴起城市 CIS 建设的热潮开始，目前，全国已有上百个城市以不同方式开展城市形象宣传，其中大连、昆明、西安、成都、杭州等一些城市的形象宣传已经取得了显著的成效。

城市 CIS 建设，是指城市形象统一识别系统的规划与建设。CIS 是现代企业管理思想的重要产物，被公认为现代企业管理的有效模式。CIS 是英文 Corporate Identity System 的缩写，其内涵为“企业的统一化系统”、“企业的自我同一化系统”、“企业识别系统”。CIS 将企业形象作为一个整体进行建设和发展。企业识别系统基本上有三者构成：1. 企业的理念识别；2. 企业的行为识别；3. 企业的视觉识别。作为要素构成，则还有“听觉识别”和“环境识别”。城市导入 CIS 建设，使得城市形象的品牌影响力能够得到有效提升。许多城市都以此建设来营销城市，如北京，天津，杭州等城市都实施了城市 CIS 系统工程。

除了开展城市 CIS 建设外，一些城市还在更大范围内更具深度地进行城市形象品牌影响力的打造。如 2012 年广州制定了以传播城市形象为重点的纲领性文件《关于进一步加强广州市城市品牌影响力的实施意见》（以下简称《意见》)，明确指出：城市的品牌及形象在当今时代具有极为重要的地位，是提升综合竞争力的重要因素，是经济社会发展的重要支撑。《意见》要求市属有关部门要抓住战略机遇期，站在新的历史起点上，以传播广州市形象为重点，以提升广州城市的知名度和美誉度为目标，以建立和完善城市品牌的价值体系为渠道，不断增强城市核心竞争力、文化软实力和国际影响力，以此来获得更多的外部资源，来推动城市建设迈上新台阶。广州市并为此制定了今后五年（2012—2016 年）加强城市形象宣传与加强城市品牌影响力的工作目标和任务，从战略上、措施上对全市各部门、各区（县，市）的城市品牌营销和形象传播进行指导，确保有重点、有策略、有效地推进城市形象对外宣传工作。总之，城市形象的展示，今天已成为国内外著名城市推进发展的重要手段。

第二节　纵论宁波城市形象传播现状

宁波市作为国务院确定的中国东南沿海重要的港口城市、长三角南翼经济中心及国家历史文化名城，近年来社会经济事业取得长足的进步和快速的发展。2012 年国民生产总值达到 6524.7 亿元，人均 GDP 突破 10000 美元（达到 13541 美元），成为财政收入超 1000 亿元的城市（2012 年全市完成公共财政预算收入 1536.5 亿元），正在朝着现代化国际港口城市的目标迈进。但毋庸讳言，由于宁波对外宣传的力度还不够，与城市的经济发展水平相比，知名度偏低，对外的影响力较小。在当前营销城市的大潮中，对外影响力及知名度已成为宁波进一步发展的瓶颈。研究分析表明，宁波知名度偏低有历史的原因，也有现实的原因，综合而言内外因素有四个：

一是从历史上看，新中国成立后的数十年内，宁波一直处于东海前线战略位置上，国家在政策上出于对敌斗争的需要，不搞大的建设和发展，也不对外张扬。二是宁波除海运之外，过去很长一段时间，其他交通长期处于末梢的位置，对外交通联系闭塞。三是宁波通用的方言难说难懂，增加了人际交流的局限性和困难性，使外界对宁波了解有限。四是宁波人务实低调的品质有长有短，长处是务实的风格（中华民族能够生生不息开拓进取的品性）为宁波创造了殷实的家底，但在当前盛行城市营销的世界潮流中，过于低调也直接影响了城市的知名度和影响力。

当然，历史发展到今天，许多事情都发生了很大的变化。仅从宁波城市形象对外宣传的现状论，纵向上说，也已取得了阶段性成果，表现在随着改革开放 30 多年，宁波经济发展迅速，宁波社会各项事业进步显著，宁波对外宣传的力度不断增大，特别是借助小平同志名言“把全世界‘宁波帮’动员起来建设宁波”，通过“宁波帮”人脉的影响力使越来越多的海内外朋友了解宁波、认识宁波。近十年来，宁波市委市政府花大力气打造和开展了一系列有一定影响力的节庆和各类大型活动，如宁波国际服装节、浙洽会（消博会）、世博信息化与城市高峰论坛、甬港经济论坛等，直接或间接地提升了宁波的知名度和影响力。另外，对外宣传的组织机构也不断健全和完善，从市政府有关新闻发言人的设置，到市县（区）的对外宣传办公室和科（处）室的健全，初步做到了市对外宣传活动有人办事。同时，对外宣传的成果也在不断涌现，不少县市都在策划创作对外宣传的形象电视片、画册以及优秀的理论研究成果，如由宋伟同志任顾问，孟建、何伟同志等为主编，2008 年 11 月由复旦大学出版社出版的《城市形象与软实力 —— 宁波市形象战略研究》等专著。2010 年，宁波市还参与了由新华社瞭望东方周刊、中国市长协会、中国城市发展报告工作委员会、复旦大学国际公共关系研究中心等联合主办的首届“中国国际形象最佳城市”评选活动，评选结果显示，位列前十的“中国国际形象最佳城市”依次为上海、北京、成都、南京、杭州、宁波、西安、长沙、昆明、长春等。因而可以说，近年来，宁波经济社会科学发展，城市化程度不断提高，城市面貌日新月异，逐渐形成了“经济发展，社会和谐，文化繁荣，城市文明，生活幸福”的良好城市形象，特别是在市委市政府的重视下，经过多级部门共同努力，以一句城市口号、一本城市画册、一部城市形象专题片、一部电影、一部电视剧等城市形象宣传“五个一”工程为载体，通过新闻、广告、社会、环境、文艺等多“宣”联动，城市形象对外传播推广已取得了良好的效果。

但是，从宁波所处的新的历史发展阶段来判断，从城市形象本身的科学内涵来分析，从国际国内知名城市的做法来比较，宁波的城市形象宣传还存在很大的改进空间。横向而言，宁波对外宣传的力度以及对城市形象的理论研究和城市形象建设活动与同类国内外许多城市相比，明显不足。深圳、上海不说，即使与厦门、杭州相比都有很大差距，特别是近年来杭州的营销力度，已让宁波感到明显的差距。这种与宁波城市经济社会快速发展需求不相匹配的状态，直接影响到宁波市的竞争力与吸引力。

媒体视角调查对比

仅从海外新闻媒体视角来对比一下宁波城市形象的对外宣传情况，就更加明显了。“城市形象与软实力 —— 宁波市形象战略研究”的研究团队曾选择了英国的《泰晤士报》和美国的《纽约时报》获取目标城市在海外形象传播的数据，通过对杭州、宁波、苏州、厦门、大连、青岛等 6 座城市进行外宣报道率数据比较，对这两份世界性报纸网站 1981 年以来的数据进行搜索。以《纽约时报》为例：同级同类报道篇数提及杭州的概率为 271 篇（最高），苏州 182 篇，厦门 150 篇 ，大连 157 篇，青岛 95 篇，而涉及宁波的报道仅 50 篇，是 6 座具有竞争关系的城市中报道最少的，“曝光率”之低也说明了海外对宁波印象的模糊，海外公众对宁波这座城市的了解自然也更少。

进一步而论，虽然宁波市在“中国国际形象最佳城市”评选中排名比较靠前，但从全球范围看，与其他排名前列的城市差距还很大。同样是 2010 年的一个评选，全球管理咨询公司科尔尼公司、芝加哥全球事务委员会以及《外交政策》杂志联合发布了第二届全球城市指数，对全世界 65 个大城市进行了排名，衡量标准包括影响力、全球市场、文化以及革新等综合实力。在指数排名中，纽约、伦敦、东京、巴黎、香港、芝加哥、洛杉矶、新加坡、悉尼、首尔被称为“世界十大国际大都市”。北京排名第 15 位，上海排名第 20 位，中国台北排名第 39 位，广州排名第 57 位，深圳排名第 62 位，重庆排名第 65 位。

而宁波市并未进入主办方的视野。

宁波在国外的影响力仅此而已，在国内呢？笔者 2009 年 10 月利用参加共和国六十华诞庆典活动的时机，在北京做了一个面对面的访问性实证问卷调查。访问对象为 20 位参加由中国现代史学会、中国科技杂志社、时代人物杂志社联合举办的“盛世中华普天同庆 —— 庆祝共和国六十华诞”大型主题活动的，来自全国各地的为共和国建设作出突出贡献的人物、英模和知识精英代表。这 20 位代表分别来自广东、安徽、陕西、山东、黑龙江、湖南、贵州、山西、福建（莆田）、江西、江苏、辽宁、内蒙古、浙江（温州）等 14 个省（自治区）、市，他们的职业包含政府机关干部、大学教师、工程师、企业家、公司高管及技术专家等，其中 6 人到过宁波，14 人没来过宁波。亲自去过宁波的人对宁波地域方位都有较准确的了解，但对宁波的城市级别认识不一，有 3 人知道宁波是副省级城市，其他 3 人中 2 人称宁波是县级城市，1 人说宁波是地市级。没有去过宁波的 14 人中，甚至对宁波属浙江省和长三角地区都不知道，大部分人分不清宁波是哪一级的城市，明确填写副省级的只有 3 人，而填写地级市或省辖市的有 5 人。没去过宁波的人对宁波的文化名胜基本不知，但有 4 人知道奉化溪口，有的人是从书本中知道这里是蒋氏故乡，有 3 人知道杭州湾跨海大桥，也有 2 人（包括 1 名去过宁波的人）把普陀山称为宁波的文化名胜。因为这 20 位被调查者大都是各地的名人或知识精英，如参与调查的山东籍、辽宁渤海大学旅游学院名誉院长曲军教授，说到宁波，她表示没去过，对宁波的文化名胜或代表性商品基本没有印象或任何了解。但长三角地区的参与调查者对宁波的了解还是比较深的，如温州电镀行业协会的一位负责人何壮正先生对宁波代表性产品都能列举出来，还知道宁波年糕等土特产品，但即使是同省人，他也把普陀山称为宁波的名胜。

调查可知，即使是在国内，外地的名人、机关干部和知识精英对宁波的总体了解也很少，这说明宁波的知名度不高。当然，对于城市的基本情况一般外地老百姓是不会去关心的，离他们也很远，但城市的品牌（知名度）却直接关系到一个城市的竞争力、影响力，直接影响到城市经济更快更好的发展。这都说明我们非常有必要加大宁波城市形象对外宣传的力度。

第三节 国内外城市形象对外宣传做法借鉴

纵观国内外城市，城市形象的宣传越来越热，已成为一股潮流。已有许多成功的城市形象定位宣传给人留下了深刻印象："时尚之都"巴黎、"音乐之都"维也纳、"动感之都"香港、"浪漫之都"大连、"生活品质之城"杭州、"风筝之都"潍坊……这些城市，都是抓住了自身独具魅力的城市特性，概括和提炼，并站在全国乃至世界发展的高度，去经营一座城市自己的品牌，推广城市的核心价值和形象，也取得了良好的宣传效应和城市营销的巨大成功。那么，一些知名度和影响力大的城市又是怎样来宣传自己的城市形象的呢？我们以杭州、大连及世界级城市纽约为例，予以分析并作为课题性研究的借鉴参考。

一、杭州市城市形象对外宣传

塑造城市形象，加强城市形象的宣传，是推动城市经济社会发展的强大力量。这一点在杭州市的对外宣传中得到了充分的体现，也取得了卓著的成效。这里，先说一段题外话。

同在浙江省，杭州是省会城市，经济总量排在宁波之前也是情理之中。然而，十年前，两座城市仍在暗地里较劲，打了多年的"拉锯战"，你追我赶，各有千秋。

2003 年，时任宁波市委副书记、市长的金德水在一次宁波新闻宣传文化系统干部形势报告会上，充满激情地介绍市政府对宁波未来发展的雄心大略。按照当时杭州与宁波两座城市 GDP 的总量，宁波与杭州的差距只是在千万元的幅度内，金市长表示，从现在开始，宁波每年将大幅度增加对基础设施和主导产业的投入，第一年投八百亿元，第二年增加一千亿元，第三年再投一千五百亿元。这些投入数字是要超过杭州。也就意味着，待这些投入发挥效益后，按照投入产出比，宁波的GDP将会快速得到提升，那么宁波经济总量超过杭州指日可待。

一个是浙江省会中心城市，一个是浙江港口城市，同为副省级市，你追我赶都想争做经济老大。这时的杭州人确实有一种危机感。杭州人到宁波来考察，内心像打翻了“五味瓶”，杭州是省会城市凭什么就不如宁波，但客观上他们在感叹宁波经济的发展速度，甚至羡慕宁波人所处的城市生活。然而若干年后，事情并没有宁波人预计的美好。尽管宁波的发展确实有很大变化，GDP确实按照预计的速度在提升。但是，我们并没有超越杭州，与杭州的差距反而越发明显。原因何在？

2006年9月当时任杭州市委书记、市人大主任的王国平，在杭州市“提高生活品质，推进和谐发展”研讨会上的一段讲话令人回味。他说：“过去有专家提到，宁波会不会赶上杭州。其实，在5年前也有过‘宁波会不会赶上杭州’的争论，但是在工业发展速度上，杭州一直领先。从过去5年的实践可以看出，工业对杭州来说是必须的，现在的问题不是要不要发展工业，而是如何发展工业。比如（刚才专家提到）杭州应大力发展以信息产业为主的高新技术产业，大力发展文化含量高、市场前景广、无污染、劳动密集型的都市型产业。在这些产业上，杭州有无可比拟的发展优势，也有巨大的发展潜力。我认为，只要杭州有正确的发展理念、发展思路，就能够吃到‘知识经济的头口水’，能够率先实现经济转型，宁波就赶不上杭州（即使在工业上，宁波也赶不上杭州）。”从两个市主要领导讲话中，我们明白了杭州赢在哪里或者说宁波差在哪里。冷静地分析，原因很多，概括起来说，宁波只做了一个字的文章，注重工业经济硬投入硬产出，而杭州人做了两个字的文章：“软硬”兼施。他们并没有放弃工业经济的硬发展，但同时，在软投入方面大做文章。说这句话的时候，杭州市正在做着一篇打造城市发展软实力的大文章，提炼和推出“生活品质之城”的城市品牌，对外塑造杭州市新的城市形象。

从城市的建设和塑造入手，打造文化软实力，从高新技术信息技术发展入手，喝了创新产业的“头口水”。让知识分子的头脑发动机高速运转，创造城市宜居宜业的良好环境，让知识产业成为一匹跃然而出的黑马。通过城市品牌和城市形象的建设，带动和引领了城市化都市型第三产业的快速发展，因而使整个杭州市的经济总量和财富急速增长。城市充满新的活力，进而使人们的幸福感和满意度都大大提升。所以，王书记才有底气说：“宁波，你已经远远赶不上我了。”打造软实力为杭州奠定了发展的基石。看似无形的城市品牌和城市形象建设，竟能发挥出如此巨大的能量。这一点，令后来开始醒悟过来的宁波人唏嘘不已。

那么，杭州又是怎样开展城市形象建设和对外宣传的呢？

杭州得益于得天独厚的历史文脉和旅游资源，从20世纪末21世纪初开始就注重城市形象品牌建设。1999年，在定位于国际风景旅游城市、国家级历史文化名胜、长三角地区的重要中心城市和浙江省政治经济文化中心城市的总体规划上，杭州市又陆续提出了“游、学、住、创业在杭州”的城市形象目标（游在杭州，学在杭州，住在杭州，创业在杭州）和“东方休闲之都，人

▼远眺杭州西湖

间幸福天堂”的口号。同时又极力打造“爱情之都”、“休闲之都”、“女装之都”等内涵更丰富的城市品牌。2002 年开始打造“会展之都”品牌，2005 年又提出打造“中国茶都”、“动漫之都”等。在一系列的近似定位性质的形象口号基础上，2006 年 9 月，杭州市专门组建由艺术界、文化界、社会学界和城市规划等方面人士组成的专家组，研究制定评审标准，向全国征集“杭州城市品牌”，共收到 4620 个词条，最终通过专家评审、市民投票的方式，确定了“生活品质之城”作为杭州的城市品牌，并通过杭州市第十次党代会确定下来。“生活品质之城”的总品牌之下包括社会生活品质、政治生活品质、文化生活品质、经济生活品质、环境生活品质等 5 个方面。“生活品质之城”的目标是实现从中等发达水平向发达水平跨越，人民群众经济生活富足，文化生活丰富充实，政治生活生动活泼，社会生活安全有序，环境生活舒适便利，人人生活更幸福，身心更健康。

而在“生活品质之城”城市形象主题确定之后，杭州市采取“大事件”营销配合的方式举办了世界休闲博览会，并与中国杭州西湖博览会实现“两会联动”，通过著名导演张艺谋，打造了世界唯一的都市山水实景演出“印象西湖”。

同时，杭州市花大力气进行旅游形象为主的城市形象推广，2006 年 3 月，在香港举办“美丽之都”魅力杭州主题宣传促销活动；2006 年 7 月 25 日—8 月 2 日，在日本举行招商引资、旅游促销宣传活动；2006 年 9 月 23 日—28 日，在英国举办“利兹中国日”活动，开展新闻宣传、文化交流、图片展览系列活动，扩大杭州的影响力，使杭州旅游业在日韩、东南亚及我国港台等地市场占有率均有大幅提高。

至 2008 年，杭州市又制定了《杭州市文化创意产业发展规划（2009—2015 年）》。该规划的主旨是以文化创意产业带动城市形象品质的提升和优化，把杭州建成名副其实的中国电子商务之都、中国动漫之都、中国女装之都、中国艺术品交易中心和中国重要的设计研发基地，打造以文化、创业、环境高度融合为特色的“国内领先，世界一流”的全国文化创意产业中心。

应该说，杭州的城市形象建设和对外宣传都取得了巨大成功，究其原因：一是领导高度重视城市形象的建设和宣传。杭州市领导在营销城市的过程中，在抓经济建设的同时，始终注重杭州城市形象的塑造，注重城市形象的建设，使得杭州城市形象不断提升，直到形成了目前的“生活品质之城”的城市品牌，取得了硬实力与软实力的共赢。二是该市对城市形象进行了系统研究，并不断丰富其理论研究成果。早在1997年，杭州市政府就组成专家课题组对杭州城市形象进行了历时一年的研究。2001年，杭州市委宣传部又与浙大人文学院合作，进行了“杭州构筑大都市建设总体形象”研究。2003年杭州市有关部门与媒体一道就城市形象定位在市民中开展系列讨论，近几年还出版了《城市论》专著。三是注重城市形象建设。杭州市委持续性地围绕城市形象组织各部门进行诸多研究，但都没有出现混乱的局面，相反，都使杭州城市形象品牌不断提升，最终形成“生活品质之城”的形象品牌，与早期提出的塑造“人文精神”、“推进和谐创业”、“提高生活品质”的目标一脉相承，形成整体，互为支撑。这些做法对宁波城市形象塑造是颇有参考价值的。

二、大连市城市形象对外宣传

再来看看大连市的做法。在城市形象的塑造和传播中，大连市是国内的先行者，很多方面值得学习和借鉴。大连是一个工业城市，但仅靠工业实力，远远不能成就世界级城市的梦想。20世纪90年代，通过努力，大连的城市形象品牌迅速崛起。大连市将塑造城市形象与对外开放进行有机结合，即先做城市品牌，再做旅游项目，无论是大连的金石滩主题公园、老虎滩海洋极地馆、女子骑警队，还是制定中长期的旅游规划，都是为了一个目标，即“让世界认识大连、熟知大连、走进大连、投资大连”。正是这样的发展思路与路径，成就了“浪漫之都，时尚大连”的城市品牌。大连旅游业从城市形象的提升和改善中直接受益，而经贸等其他产业也间接受益，英特尔、夏季达沃斯等落户大连便是一个个很好的例证。这些都促使大连在经济、社会、人文等各方面得到总体发展。20世纪90年代，大连在国内外率先启动城市形象工程，以经营城市作为突破口，“不求最大，但求最佳”，通过对城市环境的大力打造，大连在国内较早地建立了花园式绿化、广场文化等鲜明的城市形象,“浪漫之都”的品牌应运而生。

在城市形象传播方面，大连也走在全国其他城市的前列，率先进行了“浪漫之都”城市旅游品牌的工商注册；率先走入央视，进行了城市形象片的播放；充分与大连相关节庆活动进行联动，拓展城市形象传播的载体，加大投入；利用多渠道传播大连的城市形象，通过承办夏季达沃斯论坛，提升城市知名度。

大连市早在1999年就确定了“浪漫之都”的城市旅游形象。2002年提出了“六大浪漫”和大连旅游“五张牌”。“六大浪漫”是：浪漫的广场、绿地、喷泉；浪漫的建筑；浪漫的大海；浪漫的金石滩，旅顺；浪漫的大型旅游业活动；浪漫的市民。“五张牌”是指旅游的品牌——浪漫之都；旅游的金牌——北方明珠；旅游的王牌——“世界五百佳”；旅游的招牌——比赛（奥运）在北京，观光在大连；旅游的名牌——金石滩、旅顺水峪沟、星海湾、虎滩极地海洋公园、大型节庆活动、大连海鲜、奥丽安娜的游船、棒槌岛。2003年12月，大连以最新的城市名片“浪漫之都”在中国工商总局成功注册，成为我国第一个注册市场的旅游品牌。

▼大连中山广场

三、美国纽约的城市形象对外宣传

国内如此，国外城市的做法又如何呢？我们来看看美国的纽约。宁波与美国纽约虽然不在同一个级别上，但作为世界级的城市，纽约的城市形象塑造和宣传，是以国际水准来打造的，对正在建设国际化港口城市的宁波来讲，肯定有一些好的借鉴参考价值，故引用有关资料，给予分析，为宁波城市形象的塑造与宣传提供参考。

纽约是国际性大都市，其城市形象的核心是国际金融市场的集聚，从美元作为主要国际储备货币及其在国际货币市场上所占的比重、货币财产到资本输出输入和美国跨国银行在世界市场上的垄断地位来看，纽约金融中心稳居世界第一。美国 9 家主要银行有 6 家总部设在纽约，全国 5 家最大的保险公司有 3 家总部在纽约。

这里有世界上最大的证券交易所，华尔街成为纽约国际金融中心的象征。纽约金融中心的总体形象对纽约城市发展产生了积极影响。1995 年 2 月《幸福》杂志列举的全球 500 家大公司中有 161 家在纽约大都市区设立总部，几乎占其总数的三分之一。美国 500 家最大的工业公司中有 73 家总部在纽约。由于大公司、大银行集中于纽约，使纽约成为国际经济的控制和决策中心，强烈地吸引与之有关的各种专业服务部门，如房地产、广告、税收、法律、设计、数据处理等各类事务所。这些部门提供了大量就业机会，对外来人口产生了巨大的吸引力。历史上，从 1820—1920 年，有 1130 万移民从世界各地来到纽约，为纽约超越伦敦成为世界最大城市提供了人力资源。1965 年以来，每年仍有 75000 人获准移居纽约。现在，每天有成千上万的人来到纽约，他们不是来赚钱，就是来花钱，不是来投资就是来借贷。所有这些都大大地推动了纽约城市经济的发展。纽约城市整体形象就在这巨大的金钱漩涡中表现得淋漓尽致。

纽约有符合国际标准的国际大都市城市信息和识别系统，如市内的道路、桥梁、公园、街区、路标、路灯、门牌、垃圾箱，以及各级政府、公司、商店、广场、医院等公共设施名称、标志、符号都在城市整体规划中按特殊的样式与城市景观形象的一部分来设计。

纽约城市从中心区曼哈顿到近郊四区，信息和识别系统可谓全方位的，曼哈顿主要街道呈十字形，南北为道，东西为街。它像一个巨型坐标系，人们不管在何处，都会在坐标上迅速找到自己的所在。曼哈顿主要街道都标有阿拉伯数字为序号，如第42街，第5大道。公共建筑冠以伟人姓名，如林肯艺术中心，肯尼迪国际机场。而有的地方则成为某一事物的代名词，如华尔街：金融帝国；百老汇：娱乐中心；哈莱姆：贫民窟。有些公共建筑设施除了名称外，还附有表明自身特征的图案，如医院、车站、厕所等。这些识别系统五花八门，既有识别功能，又有艺术美感，与城市整体风格和谐统一，使城市具体可感的外在形象和内涵特质的抽象理念有机地融为一体，引起人们产生注意、兴趣、记忆、认同等一系列反应，达到塑造城市形象，吸引人流、物流、资金和信息流，进而促使城市全面发展的目的。

纽约还有享誉全球的城市景观。城市景观形象是城市形象最直接的表现形式，它包括城市的平面布局、天际线，公园和绿地系统，高层建筑和城市广场等各种景观要素。纽约的城市景观形象给人留下难以磨灭的印象。如宽阔豪华的时报广场，就坐落在纽约市中心。在百老汇街与第7大道和第42街交汇处，每年居住在格林威治的艺术家、作家、诗人、作曲家、演员，都要到广场举行各种各样的活动，吸引大量的国内外游人前来观看。影剧院、宾馆及广告标志牌五颜六色，彩灯闪烁。国内外游人，慕名而来，一为观光休闲，二为购物消费，由此产生的“广场文化”，既丰富了人们的文化娱乐生活，促进了商业繁荣，也提高了城市的国际知名度。而曼哈顿的摩天大楼群，则作为世界闻名的标志性建筑，成为城市地标，与时报广场、充满自然风光的中央公园以及繁华的商业街区一起构成了纽约的城市景观形象。

纽约作为国际大都市非常重视文化“硬件”设施的建设和利用，仅各类博物馆，纽约就有2000所，既有综合性的博物馆，也有艺术、历史、自然科学等专业博物馆。纽约的城市文化设施为营造大都市文化氛围打下了坚实的基础，使市民受到了现代文明的熏陶，提高了市民的思想文化素养，增强了纽约人的自信心和自豪感。

纽约的巨大影响力，还有一大功劳来自于它建立了影响世界的大众传

▲曼哈顿街景

媒体系。纽约是国际娱乐之都。全美三大广播网的总部都在纽约，美国三大报纸之一的《纽约时报》以及美国的主要报刊《华尔街日报》、《纽约每日新闻》、《时代周刊》等都在纽约出版发行。纽约的新闻媒体影响全国的舆论界，同时又创造了市民文化主体和高雅文化，并通过高层文化群体引导城市文化生活的走向。而纽约国际大都市的形象，也随着新闻媒体进入千家万户，渗透到世界的每一个角落。当然，纽约作为世界著名的国际金融、商业、贸易、文化中心，城市形象的硬件无与伦比，但其城市形象也发生过危机，特别是在20世纪70年代，纽约面临着严重的形象危机，几乎陷入"颓势"的窘境之中。为了扭转这种局面，纽约市政当局一是通过城市"复兴"计划，大力发展广告创意、发展地产经济和文化产业等"象征经济"，使城市经济重新充满活力，一跃成为全球"象征经济"的策源地。二是纽约会议观光局通过大量的调查，聘请专家设计出以"大苹果"为图案的旅游标志，向世界展示成就非凡、活力四射、异彩纷呈、激动人心的城市形象。与此同时，他们还把这个标识印在文艺作品、信笺、T恤衫、领带、珠宝首饰、围巾、眼镜、明信片、餐具等日常物品上。经过宣传和广泛的使用，城市标识得到了公众的认同。如今，“我爱纽约”已经成为纽约广为人知的营销口号。三是“9•11”事件以后，纽约市不再去宣传这座国际大都会的灯红酒绿、繁盛富庶的外观形象，而是将承担着城市基础安全保障工作的普通消防队员作为城市形象代言人大力宣传，向外展示这座城市普通市民平凡、敬业、履责、勇于承担的市民品质。上述这些措施都取得了非常好的效果。

传播城市 >>> 第二章

城市形象对外传播受制约因素调查

杭州湾跨海大桥

每一座城市并不因为它的城市级别高就会让人们知晓，地方的行政级别，是不会有太多人关注的。一座城市，要想让人了解它、熟知它，那么它必须能够与大家的日常生活紧密联系……

第一节　城市形象对外传播问卷调查

分析了国内外城市形象及对外宣传成功城市的做法和展示，我们再回过头来解决宁波市如何进一步搞好城市形象对外宣传的问题。首先我们要找出影响和制约宁波城市形象对外宣传的因素，从而再来寻求解决问题的良方和途径。为了全面、真实地了解宁波在外地人以及外界的印象，沟通了解宁波的渠道、方式、途径，宁波市政府发展研究中心“宁波加强城市形象对外宣传对策研究”课题组设计了一份“宁波市对外宣传研究问卷调查表”，在北京地区针对不同人群共发放了1500份。其中特别将青年一代作为调查的重点对象，比如大学生群体。因为一个城市的知名度有多高，往往能在18—45岁的青年人的认知中表现出来。大学生是关乎城市未来的重要人群，其影响力对一个城市未来而言更是不容忽视的。鉴于上述考量，课题组通过首都经贸大学学生会的朋友在首都大学生中发放了700份调查问卷，让不同地区、不同籍贯的学生进行填写。同时，为了增加问卷的随机性，又在街头派发了600份问卷，另外，在有关会议和有关单位发放了100余份。最后共收回1158份（不含课题组成员对20位英模和知识精英代表面对面实证调查问卷)，经过认真筛选、甄别，剔除部分乱填、不完整、字迹不清的问卷，确定了1008份合格问卷作为研究样本(因为调查问卷每份会付给被调查者一定的报酬，所以填写的真实性和有效性都可以得到保证)。

附问卷调查表：

宁波市对外宣传研究问卷调查表

本调查表针对宁波的区位，城市等级，城市特征，城市文化名胜，城市的产品(知名品牌)，地标标识，了解或亲历宁波的方式及被调查者的性别、职业、年龄段等方面进行调查。

1. 你知道宁波吗？它位于________

① 华北地区 ②华中地区 ③华东地区 ④长三角 ⑤珠三角

⑥津京地区 ⑦东北地区 ⑧安徽省 ⑨浙江省 ⑩江苏省

2. 宁波是________

①省辖市 ②地级市 ③副省级市 ④县级市

3. 宁波是________

①农业城市 ②工商城市 ③港口城市 ④边贸城市 ⑤内陆城市

⑥沿海城市 ⑦山区城市 ⑧平原城市

4. 以下宁波的文化名胜你知道吗？如何知道的？

①天一阁 ②奉化溪口 ③北仑港 ④三江口 ⑤阿育王寺

⑥东钱湖 ⑦保国寺 ⑧杭州湾跨海大桥 ⑨普陀山 ⑩天一广场

①从书本上 ②从电视上 ③从朋友的交谈中 ④到过实地

⑤从网络中 ⑥从报纸杂志中

5. 你到过宁波吗？你是通过何种交通方式去的？

①去过 ②没去过

①坐火车 ②乘飞机 ③ 坐轮船 ④乘汽车

6. 你了解以下宁波的哪些产品？你还知道什么产品吗？请列出。

①宁波汤圆 ②陆龙兄弟牌海产品 ③ 奉化芋艿 ④雅戈尔衬衫

⑤罗蒙西服 ⑥太平鸟时装 ⑦双鹿电池 ⑧帅康抽油烟机

⑨贝发文具　⑩海天塑机

7. 你能说出（写出）一两个宁波代表性的商品或食品或代表性的地标建筑吗？

8. 你认为作为一个城市要让外地人（外国人）了解应该通过什么渠道或方式进行宣传、推销？

填表人：

姓名________ 性别_____ 年龄_____ 籍贯______ 职业或单位____________

2009 年 9 月 30 日

以下为主要调查结果，概述如下：

调查对象	调查份数	各类对象占总数比重（%）
大学生	588	58.33
个体户	81	8.04
其他	339	33.63
合计	1008	100

（注："其他"包括教师、司机、医生、研究生、洗车工、网吧管理员、美容美发师、销售员、厨师、保安、导游、律师、编辑、工人、工程师、会计、技工、文员、矿工、公务员等）

年龄段	调查份数	各年龄段占总数比重（%）
18—25 岁	819	81.25
26—45 岁	164	16.27
46—60 岁（包括 60 岁以上）	25	2.48
合计	1008	100

填写调查问卷人员籍贯几乎涵盖全国：

湖南、内蒙古、吉林、山西、上海、广西、北京、宁夏、浙江、安徽、福建、陕西、河北、四川、广东、云南、江西、甘肃、江苏、湖北、贵州、天津、黑龙江、河南、辽宁、青海以及台湾，共 27 个省(市、自治区)。

性别为男女比例接近各半。

调查结果问题具体分析如下：

1. 大部分人都听说过宁波，但是它的具体位置并不是所有人都知道。知道宁波市属于浙江省的人数占比为 76.09%。

2. 知道宁波市是副省级市的人数占比为 22.72%。

3. 知道宁波是工商城市的人数占比为 26.29%，知道宁波是港口城市的人数占比为 46.92%，知道宁波是沿海城市的人数占比为 47.32%。

4. 知道天一阁的人数占比为 17.96%，知道奉化溪口的人数占比 13.99%，知道北仑港的人数占比为 16.96%，知道三江口的人数占比 18.95%，知道阿育王寺的人数占比为 12.40%，知道东钱湖的人数占比 8.93%，知道保国寺的人数所占比 22.32%，知道杭州湾跨海大桥的人数占比 33.43%，知道天一广场的人数占比为 11.81%。

知道以上这些文化名胜的方式：从书本上知道的人数占比为 18.25%，从电视上知道的人数占比为 32.74%，从朋友的交谈中知道的人数占比为 18.75%，到过实地的人数占比为 6.45%，从网络中知道的人数占比为 24.11%，从报纸杂志中知道的人数占比为 10.91%。

5. 去过宁波的人数占比为 14.48%，没去过宁波的人数占比为 78.57%。

坐火车去的人数占比为 5.56%，乘飞机去的人数占比为 4.66%，坐轮船去的人数占比为 4.27%，乘汽车去的人数占比为 4.56%。

6. 知道宁波汤圆的人数占比为 48.51%，知道陆龙兄弟牌海产品的人数占比为 5.75%，知道奉化芋艿的人数占比为 6.35%，知道雅戈尔衬衫的人数占比为 60.62%，知道罗蒙西服的人数占比为 30.36%，知道太平鸟时装的人数占比为30.85%，知道双鹿电池的人数占比为37.40%，知道帅康抽油烟机的人数占比为24.70%，知道贝发文具的人数占比为8.13%，知道海天塑机的人数占比为3.47%。

7. 能说出（写出）一两个宁波代表性的商品、食品或代表性的地标建筑的人数占比为14.48%。

8. 你认为作为一个城市要让外地人（外国人）了解应该通过什么渠道或方式进行宣传、推销？

大部分人做问卷时这一题都未填，但也有许多填的，他们的主要意见大都是通过媒体宣传，塑造城市知名企业，打造名牌产品，建设地标性建筑物，开展销会等。

调查者在收回问卷并进行统计后综合反馈认为，因为一座城市并不是因为它的城市级别高就会让人们知道，地方的行政级别不会有太多人关注，要想让人民群众了解它，那么它必须能够影响人们的日常生活。例如有参与调查者认为湖南长沙，在湖南台的各项娱乐节目未出现时和现在相比，其知名度一定是不同的。又如巴黎的埃菲尔铁塔、北京的故宫等，这些作为地标性建筑为世人所了解，提到这些，人们就会联想到它所在的城市。

但是每个城市都有其不同的特色，不可能都照搬其他城市的做法，立足根本还是非常重要的。那就是必须建立自己的城市特色，发掘可以广泛传播的标志物，包括地标性建筑和地域（标）性文化产品等。

从以上问卷调查我们可以看出，城市影响力往往是通过城市特色形象，包括城市地标性建筑、城市企业的商品品牌和流动媒介，进行传播而产生的。如在问卷调查结果中：

在外地人填写宁波文化名胜一栏时，知名度最高的（最多人知道的）是宁波的杭州湾跨海大桥，占调查总人数的33.43%。其次是保国寺，占22.32%，因其为千年古建筑而闻名。而东钱湖知道的人相对较少，占8.93%。在宁波的代表性商品或食品中知名度最高的是雅戈尔衬衫，占调查总人数的60%。食品知名度最高的是宁波汤圆，占调查总人数的48.51%。

而被调查者认识宁波产品、文化名胜的渠道主要是通过宣传媒体，而通过电视这一传媒渠道获知的，占 32.74%；其次是通过网络，占 24.11%；通过报纸杂志的占 10.19%；而人际传播和实地了解分别占到 18.75%和 6.54%。

第二节　制约外地人了解一座城市的因素分析

综上分析，调查的结果显示，外地人对宁波的了解还是不多、不深也不广。从调查的数据可以看出，所有的答项，被调查者选择都很分散，超过半数共同认知的宁波事物都不多，而把其他城市的事物当作宁波的却不在少数。这说明外界对宁波缺乏一个鲜明的印象，总的形象也很模糊。所以，要加强对外界的宣传，首先要解决一个城市形象的品牌或城市形象对外总体概念，看来是对外宣传的症结所在。这是其一。这一点许多城市都做得很好。像前述的巴黎、维也纳等国际知名城市，而诸如山东潍坊"风筝之都"这类以特色活动著称的小城市皆让人印象深刻。又比如杭州市，经过多年的努力，几乎调动了各种宣传手段，上至市委市政府领导重视，下至普通百姓热情参与，从多年积累的城市品牌化宣传运行中，从城市的行业品牌、工作品牌、旅游品牌等品牌构建中不断推进总结最终形成"生活品质之城"的城市品牌。有了这一城市品牌，城市给外界的印象就鲜明起来了。

其二，宁波对外宣传的力度不够。按理说当今是信息时代，许多人通过各种媒体可广泛了解到外部信息，而调查中虽然许多人是通过媒体了解宁波，但通过媒体了解宁波所占的比例并不高，对一些文化名胜和产品的了解通过电视的也仅占 3 成多，通过报纸杂志的仅占 1 成。当然，如果说宁波对外宣传力度不够，把板子都打在媒体上，似乎有些冤枉，或至少不很公允。但反证之，媒体在对外宣传上确实可以发挥更大的作用，如前所述，美国纽约的城市影响力就与这座城市媒体发挥的作用有关。宁波媒体机构网络、电台、电视、报纸一应俱全，从数量上说也具有了一定规模。应该说这些媒体在宣传本地资讯、传播本土新闻、交流信息上发挥了重要的作用，但如何发挥对外传播城市形象的功能似乎还大有功课可做。从内容制作上来看，各种媒体尚没有发挥强有力的城市形象传播功能。换句话说它虽然不可能做到纽约的媒体那样作为世界舆论的引导者和文化潮流传播者的担当，一般性的对外宣传也往往缺位。比如说国务院对宁波城市的定位是长三角南翼经济中心，这在经济建设上已经是客观现实，但当地媒体却很少站在长三角的视野来传播宁波新闻和宁波建设。那么，长三角南翼经济中心又从何体现？当地的电视节目有不少栏目颇受市民欢迎，但播出量最大的节目是地方方言栏目，其他的节目相对薄弱。因为方言传播的局限性，很难让周边城市、长三角地区甚至全国观众感兴趣。纸媒文字不存在语言的差异，但说“方言”的思维方式也大致如此。这有其好的一面，可从外宣的角度来看却是缺位的。这并不是媒体不努力，也不是城市地位和技术手段的问题。往深处分析，它是城市性格和哲学理念的差异性决定的。如前所述，低调务实不事张扬的理念，也潜移默化地决定了一座城市的性格。只耕自家一亩三分地，很少跳出来去想或没有必要去操那份心是其看不见的手。所以，在城市发展竞争加剧的今天，首先促进观念和思维方式的改变，才有可能改变城市传播的理念和现状，疏通渠道。

其三，调查显示宁波对外界吸引力尚不强，也是制约宁波知名度和影响力的因素。如参与调查的绝大部分人都没来过宁波。即使是一些精英人物也没来过，平常也不怎么关注，这是因为宁波尚没有直接影响到他们生活的必备元素或吸引他们关注的东西（理由）。

当然，问卷调查也给了我们许多有益的启示，如杭州湾跨海大桥的认知度较高，说明这一项大型工程完全可以作为宁波的地标性建筑符号在外宣工作中发挥更大影响，做好杭州湾跨海大桥文章应是提高宁波知名度的重要渠道之一。又如雅戈尔、罗蒙等服装品牌在国内外有较大影响，从宁波知名的品牌入手可以打造出宁波特有的商贸文化的影响力，从而为推动城市影响力发挥更大作用。

这次实证调查的结果与宁波市外宣部门专门从事对外宣传工作的人士就目前实际状况的研判也很契合。他们认为，再进一步论，就宁波目前来说，由于宁波城市对外宣传工作尚存在“三个缺乏”：一是缺乏城市形象建设系统性研究的基础建设；二是缺乏加大城市形象对外宣传的力量统筹，城市形象宣传存在“碎片化”问题；三是缺乏城市对外宣传机制和体制的创新和管理。这些问题导致宁波城市形象对外宣传力度不强，亮点不鲜明。现在说起城市形象建设，许多人并不了解其内涵，或缺乏理性认知，以为这是所谓的“面子工程”，或搞“花架子”，这种貌似正面的说辞，极易形成城市形象建设的思维障碍，阻碍城市品牌建设的步伐。只有经过系统地宣传和观念的引导，让更多的人了解城市形象和城市品牌建设的重要性，形成广泛共识，才能更有效地推进这项工作。

宁波市外宣办有材料显示：从整体而言，宁波城市形象，确实还存在“碎片化”问题比较突出，城市形象建设水平相对滞后。主要表现在城市形象总体定位上聚焦不够，特色不明，对城市形象缺乏战略规划和顶层设计，城市形象塑造工作处于分散各自为战的状态，没有形成合力。究其原因主要是由于惯性思维影响，导致宁波城市形象宣传一直走老路，各级各部门对“城市形象”深刻内涵缺乏科学认识和前瞻性判断，部门职责也不够明晰，运行机制不健全，城市形象构建和传播推广缺乏整合和统筹。

因此，外宣部门建议，当前，围绕宁波市第十二次党代会提出的“两个基本”和“四好示范区”[①]奋斗目标，在宁波推进城市国际化进程中，必须进一步高度重视城市的品牌及形象在当今时代具有的极为重要的战略地位，必须对宁波城市形象宣传工作进行重新审视、定位和布局，并着眼于“三要”：

一是要提高认识，形成“城市形象”也是生产力的共识。城市形象是新经济条件下极其重要的“注意力资源”，城市品牌是城市核心竞争力、文化软

①宁波市第十二次党代会提出：努力实现“基本建成现代化国际港口城市，提前基本实现现代化”的奋斗目标；努力成为“发展质量好、民生服务好、城乡环境好、社会和谐好”的示范区。

实力和国际影响力的重要标志，担负着整合城市其他生产力要素的重要功能，当今时代，城市品牌及形象已成为城市经济社会发展的重要支撑。

二是要加强基础研究和规划，夯实宁波城市形象建设的理论根基。城市形象建设是一个庞大的系统工程，它的内涵和外延都很广，其基本要素包括城市理念、城市行为、城市视觉三个子系统，要针对宁波实际，加强对宁波城市形象品牌，当务之急，构建和传播推广的战略布局基础性理论研究，从战略层面对宁波城市形象的建设、管理维护和传播推广系统构架进行顶层设计。要加强规划，以城市历年识别系统、行为识别系统、视觉识别系统、品牌识别系统构建为基础，深入推进城市形象培育提升工作。

三是要统筹协调，整合渠道，形成宁波城市形象对外宣传的合力。要统筹资源和力量，整合各类对外宣传的载体，和新闻文化广告传播平台。纸媒传播和网络传播的有机整合，科学有序地推进宁波城市形象宣传工作。

根据以上调查以及深入研究，纵观国内外城市形象的推广经验，结合宁波的实际情况，如何破解这道难题，下面将就此针对性地提出加强宁波城市形象建设的方法、路径和对外宣传的有效之策。

传播城市 >>> 第三章

城市形象塑造与建设

天一广场全景

努力做好城市基础建设、城市文化建设、城市生态建设，同时发展城市形象品牌建设及城市识别系统建设，塑造好城市的内在品质，为城市形象的对外展示和传播，提供坚实的软硬件基础。

第一节 城市形象要素与城市形象设计

调查表明，欲提升城市知名度，城市的整体形象塑造非常重要，有了鲜明的城市形象，人们就容易记住和传播这座城市，所以塑造好城市形象是搞好城市对外宣传的基础和先决条件。宁波的对外宣传也不例外，要从“城市形象”塑造与建设入手。

一、城市形象的内涵

城市形象是近年来城市科学和城市规划界探讨的热点，不少城市已经作了系统的研究，发表了不少论著。抽象的概念前面部分已有论述，但具体来说，一般认为，“形象”一词泛指事物的具体形状。所谓城市形象是指城市的整体形状和特征。由于城市是一个复杂的综合系统，为了能完整、准确地理解城市形象的内涵，可把其概括为三个方面。

（一）城市理念形象

城市理念形象是指城市的本质物征反映到城市外在表现形式，是维系城市生存和发展的原动力，主要包含了城市各种生产活动形象（理念识别）。

例如，城市主导产业理念、生产经销理念、经济效益理念等。

（二）城市行为形象

城市是由人和物构成的有机整体。城市中每个人的文化程度、精神风貌、行为言论、服务水平、职业道德、敬业精神、市民的生活水准、居住及生产环境、公共关系等都反映了该城市的文明程度。

（三）城市景观（视觉）形象

在自然条件的基础上，人类经过长期物化劳动所形成的城市物质环境，称之为城市景观（视觉）形象，即通常所说的城市形象，主要指城市中这类具象的视觉形象。这种景观视觉上的识别，是以建筑物、构筑物为主体的人工环境（含各类装饰、文字、图形、广告等）和自然风光（含地形、地貌），虽然是一种物象特征，但反映了城市决策者、建设者和城市居民对城市的理解和追求，反映了一定时期内城市艺术和技术所达到的水平，是城市文明程度的重要标志。

城市形象具有下列特性：

1. 整体性

它是理念、行为、视觉三类识别相互作用、相互依赖的有机整体，是三者在公众脑海中结合成的感觉和记忆。

2. 差异性

各个城市有自身的特征，要根据客观条件、经济实力、发展战略，设计出有本市特色的与众不同的形象。

3. 长期性

城市形象的形成是一个长期的过程，建设“城市形象”的城市规划涉及多方面、多层次。让全市人民认识、接受、实施，需要有一个较长的时间过程。

二、城市形象的构成要素

（一）城市形态

城市形态是指一个城市在地域空间上的分布形成，是反映城市整体特色的最主要的内容。比如带状城市、群体城市、单核心城市、多核心城市等。

不同的城市形态，影响到城市内部的功能分区；不同的城市结构和城市道路交通网络，给人的感受有很大差别，因此，结合自然条件，形成一个符合当地实际的城市形态，是创造城市特色的一个重要方面。

（二）城市自然条件

包括地形、地貌和气候等条件。充分利用自然山水的神韵，进行城市建设，美化城市，可形成独特景观效果。如山区城市，可依山就势进行建筑布局，突出山势特征，增加城市动感，形成丰富的山城景色。临江临河城市，把水景引入城市，在江河两岸安排城市景观轴，形成临水城市特色。平原城市地形起伏小，主要是通过城市空间的不同组合方式和建筑物的高度来暗示城市地形特征。

不同的气候条件和植物配置，会对城市的建筑风格和形式产生不同影响。如热带城市充分利用各种缤纷灿烂的热带植物的种植，形成热带城市风貌。如寒冷地区城市的封闭人行天桥系统，"暖房式"人行道和地下步行网，都是以"冬季城市"为主题的。

（三）城市建筑物

城市中的建筑物是各种物质要素的主体，数量大，类型多，对人们视觉识别的刺激性强，是反映城市特色的重要内容。包括建筑风格和形式，如传统建筑、现代建筑、后现代建筑。其中最重要的是屋顶形式和建筑材料。还有建筑色彩的运用应与当地的自然环境相协调。寒冷地区的建筑一般采用暖色调，如红色、橙色等；热带地区一般宜采用冷色调，如蓝色、绿色等。标志性建筑物是城市中建筑物的精品，是构成城市特色的重要因素，对提高城市知名度有重要影响。如大型文化建筑、重要的古建筑、大型商业建筑、火车站、汽车站、飞机场等等。

（四）城市结点空间

城市空间根据功能和形式不同，有多种多样，其中城市结点空间是最重要的一个空间，是体现城市特色的一个重要组成部分。结点空间一般都是城市的景观高潮点，对空间的比例尺度，对围合分割空间的建筑物、小品，对空间的绿化环境，都有极高的要求。城市结点空间大致可分为三种类型：一是出入口空间；二是各种广场空间；三是主要道路交叉口空间。

（五）城市街道

城市中不同道路系统形式，形成不同的特色。如方格网状系统、放射道路系统、环状道路系统、自由式道路系统等，在方向感、识别性、道路起止点、组织城市结构方面都可产生不同效果。此外，还有道路形式，街道与建筑物的关系，以及街道轮廓线等方面。

（六）城市绿化

城市绿化的比例，树种、草种、花种的选择，城市绿化轴线和绿色走廊的设置，城市公园绿化、广场绿化和道路绿化等，都对城市形象起到重要作用。

三、城市景观（视觉）形象的设计

城市景观（视觉）形象的规划设计，大致可以借助城市设计的手法，所不同的是，前者更注重景观与城市理念的结合，注重城市特征形象系统以及对行为识别和理念识别的反作用；后者是基于建筑学的若干原理，以美化城市为目标的城市规划设计，更注重与城市规划（以用地为主）的结合。

城市视觉形象的设计专业性、直观性很强，它包括 4 个方面：

（一）城市标志的设计

包括城市市徽的设计、城市雕塑设计和城市标志建筑物。城市标志建筑物不是每个城市都有，如岳阳市的岳阳楼，武汉市的黄鹤楼，杭州市的六和塔、保叔塔等，都可说是城市的标志建筑物。没有城市标志建筑物的，可待修建和确定。城市标志的另一个内容是城市市花、市树的选择。

（二）城市空间的形象设计

边缘空间要体现一个城市的性质，如北京机场收费站，就体现了首都和皇城的特点。城市要有一个中心广场，而且也要体现城市性质。城市雕塑是反映一个城市市民文化素质的一面镜子，雕塑不仅要体现城市性质，而且要有丰富的文化内涵，要形成一个系统。

（三）城市公益配置的设计

它包括城市的地图系统、道路标识系统、照明系统等。如北京站一出来就有大幅的北京市地图设计。日本的地图系统也非常完善，均用花岗岩制成，铺在地下。道路标识，要使人一看就知这条路上有哪些单位。照明系统不仅要亮起来，还要讲究灯具颜色，城市与城市之间有区别，街道与街道也要有区别,但这些颜色还要有一个共同点,就是要体现城市的精神和性质。

(四)城市清洁系统的设计

包括道路清洁、水体清洁，以至公共厕所、垃圾箱设计等等都应体现城市形象。

四、城市形象的目标定位与设计

下面我们通过一些城市形象设计的研究，结合宁波的实际情况予以比较借鉴，界定城市形象设计的基本元素。杭州市政府曾经在十年前对杭州市城市形象设计做过一次系统研究，并写出了研究报告。他们从城市形象的目标定位入手,探讨影响城市形象的一些主要因素。

(一)城市形象的目标定位

杭州城市形象的目标定位为建设科技进步、经济发达、环境优美、文明卫生的历史文化名城，风景旅游城市和现代花园城市。建筑与山水为主体的现代花园城市是总的城市景观构架基调与特色。景观构架的骨干系统主要是沿路（交通网络)、沿湖（西湖景区)、沿河（运河及其他市内河系)、沿江（市境内钱塘江)、沿山（市区境内山系）进行绿化和美化改造，并结合旧城改造、城市建筑物造景、城市广场建设、花园住宅小区建设和物业管理,结合旅游景点及各类公园的开发建设，特别是市区绿化建设等方面来进行。同时，强调要特别重视保护、恢复和发扬杭州的传统历史文化，并在科技、经济、环保、卫生和精神文明等方面作艰苦的努力，最终形成杭州独特的城市形象。

(二)杭州城市形象景观系统设计探讨与宁波之比较

1. 城市标志物

杭州城市的标志物在人们心目中一般以六和塔、三潭印月、保叔塔等为代表，这些都是古已有之。近代至现代还没有形成杭州市民与国内外游客

▲宁波的城市明珠——月湖

普遍都认可的标志物。而宁波的情况亦是如此，但除月湖、天一阁、保国寺以外，天一广场等现代文化商业广场也逐渐被人熟知。

对城市标志物的确定，杭州市认为，可通过组织专家和发动市民相结合的形式，对现有建筑物进行确认；或在新建公共设施时，专门设计具有杭州特色的建筑。城市的标志物一旦形成共识后，应调动所有的舆论工具，利用对外交往的一切机会，特别是代表政府部门的对外联系，在经济交往和文化交流中进行宣传，在旅游景点和旅游用品中进行标识，在城市的入口处进行显示。

2. 道路桥梁

城市的道路桥梁是城市的“骨架”，它自然是一座城市形象的重要标志。半个多世纪前，著名桥梁专家茅以升在六和塔前建造的钱塘江大桥，不仅功能、规模在当时堪称第一，而且它与六和塔相辉映的画面构成了独特的风景，60 多年来一直是杭州这座美丽城市的标志。但是，杭州市与很多城市一样，在相当长的一段时期内，在建设道路桥梁时，着重解决“功能”问题尚力不从心，无暇再顾及成不成风景的问题。直到 1997 年杭州城东建设的艮秋立交桥等道桥工程有了改变，不仅注重工程本身的造型，而且讲究环境的美化，桥下铺设了巨大的绿色地毯（绿化、彩花图案），这是基础设施建设的一个飞跃。

研究者还认为，联接城市外部交通的道路、桥梁，更应成为标志城市形象的风景。许多城市在这方面都是十分讲究的，在高速公路与城市的入口处一般都有大型停车场，这些绿化布置得很美丽的广场，可以说是兼收了环境、社会、经济的三个效益。还有许多城市在外部道路与市内道路的交叉口建设了街心花园，不仅缓解了入口处的“瓶颈效应”，而且在街心花园独具匠心地设置了城市的标志物（雕塑）等等，有些巨大的、线条流畅的标志物，在很远的地方就让人看到，引发了对这座城市的无限遐想。

大江大河上的桥梁，自应成为风景线。世界上著名的美国旧金山的金门大桥，桥本身如一道长虹横越江面，桥头有公园，人们可以一览桥的雄姿和江面（直至对岸）的景色，不仅是当地居民假日的游览点，也是外国旅游者、摄影爱好者必到的地方。杭州近年来也建设了两座跨钱塘江大桥，尤其是钱江二桥在设计和功能上很先进，但这两座桥都还没有成为城市的风景

▼灵桥日出

▲琴桥

线（游览点），是令人十分遗憾的。而且在城市入口的道路交叉处也没有可以供人欣赏的标志物（或街心公园）。在今后的城市形象建设中，如能在上述道桥补上一“课”，对外来入城者定能起到“先声夺人”的效果。（比较：宁波有两座著名的桥梁，一座是灵桥，一座是杭州湾跨海大桥。灵桥已有近八十年的历史，横跨于宁波海曙区与江东区分界的奉化江上，俗称老江桥。与其比邻的分别为北侧的江厦桥与南侧的琴桥。杭州湾跨海大桥建成及投入使用已五年有余，这座世界第三的跨海大桥在城市形象建设中，充分发挥了它的作用。）

3. 城市广场

城市广场是城市空间布局中的“闪光点”，有人把广场称“城市之厅”，可从中显示城市的品位与文化素质。

广场的“文化氛围”应该是“气质”型的，而不是标语口号型的。研究者认为，如果在一个城市广场里布满了标语口号甚至是诗词，弄不好还会给人以“画蛇添足”的感觉。若以高雅的环境来烘托，则可让人在“潜移默化”中感受其文化品质。上海人民广场近年来的改造是比较成功的，布置了绿化和雕塑；在具有现代气息的地铁自动扶梯出入口，都有雅致的绿化和建筑小品点缀；广场一边是朴素大方的市政府大楼，一边是线条流畅的博物馆；入夜灯光衬托，花团锦簇，成了一道洗脱商业之气的风景线。

杭州市研究者特别强调营造广场文化氛围的重要性，建议杭州市除了要求对原有的武林广场、少年宫广场能像上海改造人民广场那样改得“高雅”些外，特别要求在新建的吴山广场上多花一些工夫。（比较：宁波城市广场，以天一广场最为著名，可称之为宁波的城市客厅。但它是典型的商业气质型广场。宁波也应该营造出一些气质高雅的“文化型”广场，比如将中山广场进一步改造，或建设新的文化广场，让其成为城市空间布局中的”闪光点”。）

4. 城市街景

城市的街景犹如人的面容，是展示城市特有风采的风景线。构成城市街景的主体是沿街建筑，还有附加在上面的店铺牌匾、广告、张贴物、悬挂物

天一广场

万达广场

和义大道

和丰创意广场

▲宁波南部商务区夜景

和照明（灯彩）等等。从杭州目前（研究报告材料为2000年前的情况）主要街道上来看，既没有特色又显得支离、凌乱。人们常以“拿不出一些像样的、有特色的街景”为憾。对杭州的城市建筑一直评议不断，见仁见智。但“从整体上看没有体现城市特色”这一意见是比较一致的。

现代“异军突起”的建筑群之所以受到批评，主要是与西湖的秀丽山水尺度与比例不协调，与从湖上看“三面云山一面城”的“天际线”不和谐。如何处理好“三面云山”与“一面城”的空间关系是不能掉以轻心的，在21世纪的建设中，做好这方面的文章，将是一个“高难”课题。

市区主要街道没有形成特色，症结是建筑、牌匾、广告、灯光等都没有从“环境艺术”上作整体的规划设计，而是让沿街商铺（单位）各显“神通”，以至于新建的街面也不能避免支离、凌乱、不和谐的现象。因此，城市街景要有整体的城市设计。

研究者希望杭州在城市形象建设中能“布置”出几条具有城市特色的街景来。尤其是即将动工的新建街道（河坊街、城站路等），对街景能有一个整体设计，显示特色。旧有的街道和规划中要保留的历史文化街段（如中山路），只能采用“淡妆浓抹”的手法。对中山路，再不能用大拆大建的办法，在吴山文化旅游区开发的同时，就应给它“打扮”一下，与之连续并显示和谐的美。（比较：宁波市的情况与当年杭州市的情况有很多相似之处。原来一条最有特色的街景是中山路，现在因为修地铁搞得支离、凌乱了。其他在建和已建的月湖历史文化街区和鼓楼街，基本上就做成了小吃、餐饮一条街。所以，宁波城市街景还有待于从城市形象整体设计上强化功能布局。）

5. 住宅建筑

在城市的建筑物中数量最多、占地面积最大、与组合绿化等环境艺术最密切的是住宅建筑，因此，它构成了城市特色的“基调”。

杭州是国家历史文化名城、风景旅游城市，城市的建筑应体现城市的特色，尤其是要通过作为“基调”的住宅建筑，反映出特有的环境风貌。杰出科学家钱学森先生曾提出创“山水城市”的学说，要求中国的山水城市：第一，有中国的文化风格；第二，美；第三，科学地组织市民生活、工作、学习和娱乐。他认为杭州具备“山水城市”的条件。

研究者认为，杭州的民居改建，恰恰忽略了传统的“美”，新的建筑多数没有在环境艺术上下工夫，而且在成片的“剃光头”中，把近代的一些优秀建筑也拆掉了。因此，有不少专家学者建议：

（1）在旧城改建中，要制止一概采取“剃光头”的做法，不仅对定为“保护点”的古建筑或名人故居要保护，对一些优秀的近代建筑也应保留，以体现城市的传统风貌和建筑的历史沿革，与新建筑共同组成城市别样的风景线。

▼现代绿色小区

(2) 旧城改建的新住宅小区，要尽可能借鉴中国古代园林建筑的手法，体现杭州作为“天堂”的传统风貌，在功能上，如钱学森先生所说的：“有学校，有商场，有饮食店，有娱乐场所，日常生活都可以步行来往，又有绿地园林可以休息，这是把古代帝王所享受的建筑、园林，让现代中国的居民百姓也享受到。”

(3) 已经建成的小区存有颇多遗憾，需美化形象。现在改变建筑造型已无可能，唯一的办法是加强绿化，改造周围环境。不仅可充分利用原有的规划绿地(被侵占的要坚决收回)，还可以采用墙面垂直绿化、屋面绿化等方法，来美化建筑物的形象。同时，要利用一切空间，增设雕塑小品、喷泉等等，充实文化艺术的氛围。(比较：宁波作为商贸文化滨海城市，其住宅建设风格应形成自己的特色。杭州在旧城改造中出现的“剃光头”问题，宁波也存在。特别是对一些古建筑，如当年大沙泥街一带老建筑被拆毁有颇多遗憾。如今，宁波新建的不少现代绿色小区使得人与自然的关系更加贴切、温馨。)

6. 城市交通

杭州近年来城市建设发展较快，每年几乎有近 10 条道路进行改建、拓宽和延伸。杭州城市人均道路占有面积 6.13 平方米，在全国大中城市中居于中等水平。但由于杭州城市性质的特殊(重点风景旅游城市、经济中心城市)，车流量、人流量都较一般大中城市频繁而集中。但道路交通管理不严，乱穿马路、乱停车辆、人车混行的现象严重存在。在有些道路上，人行道已被占作他用或已被汽车压得高低不平，行人走在马路上，马路又成了停车场，原来尚可通行的道路变成了狭窄的管道，有时大小车辆与行人挤成一团。到夜晚，一些人行道上都停满了汽车，原来按行人重量设计负荷的人行道被压得高低不平，无人去管。(比较：近年来，杭州抓住这些问题，加大了整改力度。宁波也存在类似的问题。当然，现在全国许多城市都在进行城市交通的整改，以新的理念树立城市交通的新形象。)

7. 市容环卫

有人形容杭州的市容环卫好似“懒人洗脸”，只图脸上鼻梁旁边一圈好看、干净，耳朵后面再脏、再难看也不管了。即便在闹市区主干道旁边，有些“脏、乱、差”现象也是触目惊心的，路人皆掩鼻而过。与一个国家卫生城市、环境综合整治优秀城市的形象要求，实在是格格不入的。其中较突出的是马路市场，长期占道，成为城市“脏、乱、差”的集中体现，必须迅速改观。

8. 城市绿化

杭州作为全国著名的风景旅游城市，人均公共绿地5.56平方米，获得了几项“绿化先进”的桂冠。可是城区（除了西湖风景区以外）人均绿地面积仅1.03平方米，远远低于深圳的30.6平方米、珠海的14.4平方米、合肥的7.1平方米，甚至还不及上海的1.4平方米。在这样严峻的现实面前，理应大力加强城区的绿化管理与保护。但蚕食、侵占绿地的现象还在不断发生。居住小区的绿地被一片片侵占搞违章建设，甚至借建设毁了整个公园都可以安然无事。这些现象必须彻底改变。（比较：宁波人均公共绿地面积也远低于深圳、珠海等城市。）

9. 经济与科技

经济是一切工作的基础，科技是经济的先导。树立经济和科技发达的形象，对城市形象至关重要。杭州历来是江南经济繁华的重镇，近年来国内生产总值已在全国省会城市中名列前茅，又被评为全国科技工作先进市。然而，随着知识经济时代的到来，国内外对高新技术的竞争已日趋白热化。上海、深圳、江苏、山东等已相继推出了一些重大措施和政策，大力培育高新技术产业和新经济增长点。杭州与这些城市的差距正在拉大，优势在逐渐缩小，经济繁荣、科技发达的形象已受到严重威胁。杭州的国内著名企业不多，高新技术产业总量不大，高新开发区、经济开发区内世界著名企业较少，城市中的科技文化设施规模小，现代化水平不高等等，对杭州城市形象的确立有很大影响，并越来越明显。（比较：随着杭州近十年来的快速发展，科技及文化产业等新产业已有长足进步。宁波是经贸港口城市，近年来，打造智慧城市也应成为城市形象的新元素、新亮点。）

以上我们系统地研究和了解了杭州市当年提出城市形象建设时分析的各种参数，结合杭州及其他城市的城市形象设计的做法及考量，本课题组认

▲宁波智慧城管中心启动仪式

为，宁波市的城市形象设计与建设，概括而论，应加快制订城市形象品牌建设的总体规划，并从城市建设的基础工程入手，努力做好城市基础建设、城市文化建设、城市生态建设，同时发展城市形象品牌建设及城市识别系统建设，塑造好城市的内在品质，为城市形象的对外展示和传播，提供坚实的软硬件基础。

第二节　城市基础建设与地标建筑

一、城市建设

城市建设是城市形象塑造和品牌建设的基础工程，它既与历史一脉相承，又需要按照科学发展观的要求融入现代元素。它是科学地、系统地围绕城市发展的建设规划、产业规划和城市性质定位完成的城市风貌和外在形象的系统基础工程。宁波是一座历史文化名城，城市建设有丰富的文化历史底蕴。而改革开放30余年来，宁波市的城市建设更是发生了巨大的变化，从20世纪90年代的“三横四纵十卡口”骨干道路改造建设到三江六岸绿化工程的美景布局，再到东部新城的建设、鄞州南部商务区的崛起、“中提升”工程大举推进，已初步拉起现代都市的城市框架，树起了宁波城市的新形象。因此可以说，宁波城市的基础建设，已经有了一个很好的基础，并在多方面体现出了自己的特色。但未来的宁波城市，应该更加严格地按照宁波长远发展规划城市功能布局的要求，按照国际化的标准和城市科学的规范，按照城市形象塑造的规律，构建系统的城市信息和识别系统，建设布局合理、功能完善、城市畅通，与现代化国际港口城市相匹配的城市街区。如三江六岸应该进一步完善它的景观效果。三江六岸绿化带已然是串起宁波文化景观的项链，宁波大剧院、宁波影都、宁波书城、和义大道与和丰创意广场等像一颗颗硕大的珍珠，点缀着三江六岸，格外美丽。这是宁波城市地标形象特征系统的集中点，三江六岸为核心的城市街区风景已成为宁波商业文化中心的标志。近年来，经过进一步美化、亮化，三江六岸已成为外地人来宁波感受宁波城市风貌的“客厅”之地。建设好三江口为核心的三江六岸城市景观带将会大大提升宁波对外展示城市形象的分值。

另外“中提升”战略是宁波建设现代化国际港口城市的大手笔，它包括中心城市建设和发展、数十项重大工程项目的开建。东部新城就是大项目之一。

东部新城将作为宁波的“第二心脏”，未来的宁波将呈现“一城双核”结构，东部新城将与传统的繁华的三江口城市中心区一起跳动，这里建起了许多地标性的建筑，如环球航运广场、宁波的第二高楼——中国银行宁波分行大楼等。国际贸易、国际航运以及金融服务机构也将齐聚在这里的中央商务区。这一切将会为宁波的城市形象展现新的绚丽图景。

而南部商务区将打造成宁波的“曼哈顿”，206.2米高的宁波市商会·国贸中心，已有包括奥克斯、罗蒙等的46家企业总部和相关单位入驻。随着南部商务区二期工程的进一步开发建设，这一区块将会使宁波的城市形象

▲鄞州公园和南部商务区

更加国际化。而这些都将是宁波城市新形象的重要基础。

二、加强城市形象实体建设管理

同时，宁波城市形象标志性建筑的实体管理还需要得到加强。虽然宁波特定的最具代表性的标志性建筑物没有确定，但如“天一”、“和义”、“万达”等宁波城市标志性区域的区块空间还是比较确定，要加强对这些区块空间的商业业态、建筑风格、周边环境的综合治理、提档升级和市场化调整，形成了一批能反映宁波城市功能的高品位街区、特色综合体和标志性建筑。突出塑造宁波“书藏古今，港通天下”的现代化国际港口城市形象，也要打造培育新的地标建筑和特色街区，结合新城重点区块建设，在东部新城，南部商务区，镇海、北仑新城等区域，有机嵌入楼宇式都市产业开发，进一步提升主体建筑景观设计标准，充分展示具有时尚商铺魅力的商贸街区和地标建筑。同时，还要对宁波标志性的城市景观进行有效协调，对已有的标志性景观要科学分类、优化组合，对拟建、新建的标志性景观的类型特色、空间分布等要统筹规划，构建形成品牌性的宁波城市景观标志群。

还要抓好城市窗口性区块的建设管理。既要加强对人流、物流比较集中的港口、车站、机场等重点部位的形象塑造提升，如火车南站和东站、汽车南站和客运中心、宁波机场等，既为本地民众舒适便利出行创造良好条件，也使来甬外地民众对宁波产生美好的“第一印象”。又要加强对重点景区景点的形象塑造，如雪窦寺风景区、东钱湖、河姆渡、天一阁、象山影视城等知名景点景区，以及三江核心滨水区等重要城市亮点工程、特色街区等。

再则，还要抓好门户性区域的建设管理。既要加强内外交通接口的形象塑造提升，重点是对段塘、宁波东、宁波北三个主要的高速公路出入口进行形态设计和环境建设，使交通接口通行便利，形象美观，成为体现宁波实力、展示宁波形象的景观新亮点。也要加强对中心城市门户区的形象塑造，重点对进入宁波中心城市核心区的东西南北四个门户区域强化形象建设，改造提升这些区域的形态特征、环境状况和整体次序，形成与都市核心区相匹配的功能形象。同时，还要加强对中心城市内部不同区块连接部位的形象塑造，重点是促进三江片与镇海片、北仑片的相向发展，对三江片与镇海片、三江片与北仑片、镇海片与北仑片之间的连接部位进行形态设计、环境建设和形象提升等等。

▼东部新城一角

▲城郊地带的立交桥

第三节 城市文化建设与精神文明

城市文化建设包括文化事业的发展与文化产业的建设，根据宁波“十二五”规划，宁波市要努力推动文化事业和文化产业的发展上一台阶，为宁波建设现代化国际港口城市，率先全面建成小康社会提供有力的文化支撑。一是要进一步推进公共文化惠民。如实施国家数字图书馆推广工作，促进公共图书馆数字化建设。建设乡镇(街道)电子阅览室。实施广播电视、电影、图书下基层的“百千万”文化惠民工程等。培育文化示范村、业余文化剧团，建设符合国家标准的公共文化服务体系示范区等。二是要进一步打造城市文化品牌。如举办有宁波特色的农民电影节、音乐节、文化节，推出好的艺术剧目、产品等，扩大宁波城市文化影响。三是要进一步加强对文化遗产的保护。宁波有大批的物质和非物质的文化遗产，亟待加强保护，并要建立和健全包括建筑、街区、老字号等的物质遗产传承的法规体系，确保城市文化价值的含金量。

文化产业是当今时代的一个热词，也越来越多地聚焦着世人的目光。加快宁波文化产业的发展，也是城市形象硬件建设的重要内容和题中之义。根据“十二五”文化发展规划，宁波已经确定重点发展现代传媒业、动漫游戏业、出版发行业、影视制作业、文化旅游业、文化创意业、文化制造业、文化会展业等八大优势产业，打响文化产业特色品牌，体现出宁波文化形象的竞争力和活力。从宁波的实际出发，有专家建议，还应该因地制宜，发挥地域优势，结合打造海洋经济核心区的战略机遇，大力发展海洋文化产业；结合文化遗产保护和合理利用，改造历史文化街区，发展文化休闲旅游产业等。同时，以文化创意基地的建设引领制造业转型升级等，使宁波成为长三角南翼重要的文化创意产业集聚地和文化交流中心。

城市精神文明建设则要以人为本，建立和完善倡导社会主义核心价值观和道德观的教育推广体系。

近年来，宁波市在精神文明建设方面取得了重要成果，爱心城市、文明城市的城市品牌正在形成，这得力于全市上下着力于全国文明城市创建活动。同时，宁波市也在载体上不断创新突破，打下了坚实的基础。从2004年起，宁波市着力于关爱外来务工人员，使全市380万外来务工者有了自己的“外来务工者节”，促进了新老宁波人的和睦共处。2006年，“帮助罗南英”等典型爱心事件，使宁波爱心城市的影响力开始显现。宁波人素有慈善爱心，从20世纪90年代起，就涌现了“顺其自然”等典型的慈善爱心品牌。近些年来，无论是国外的印尼海啸灾难，还是支援西部扶贫济困，特别是对四川汶川地震和青川援建、舟曲赈灾，宁波人都表现出了极大爱心和慈善义举，以亿元计的捐助款不断送到地震灾区。宁波人已在西南贫困地区和地震灾区形成了良好的义举口碑。2009年，以江北区为主办方的中华慈孝节，又打出了宁波人的慈孝文化牌。2010年，他们与市级媒体《东南商报》合作，推出“寻找中华慈孝故事发源地”、“慈孝春风进社区”等系列活动，评选出400户“争做慈孝之家”入围家庭和一批慈孝典型人物，使敬老、爱老之风在甬城上下劲刮，这项活动也得到了中央文明办的肯定。2012年以来，最美四姑娘、独臂校长龚金川、好人徐祥青、捐肝救人感动浙江人物林萍等一大批宁波好人的涌现形成了爱心英雄群体，更是让甬城上下充满了正能量(这也正是国际城市形象品牌营销专家西蒙·安浩说的一座城市能够引人关注的重要元素——道德的力量)。宁波自古以来，商贸繁华。宁波人经商讲信誉，以诚信为本，从而不断创造出商界奇迹。早在20世纪初，以宁波帮为代表的商界精英，就不断创造出商界传奇故事，涌现出包玉刚、邵逸夫等一批老一代宁波帮代表人物。而今，传奇不断续写，邓小平同志一句“把全世界‘宁波帮’动员起来建设宁波”，使海内外宁波人都在为家乡建设出力。改革开放以来，全市又涌现出了大批驰骋商界的现代商业奇才和企业家，如李如成、郑永刚等精英人物，他们的传奇业绩为宁波建设和发展涂上了浓墨重彩的大手笔。他们的经营理念和思维方式也不断丰富着宁波人“诚信为本”、“经世致用”、“开拓创新”的商贸文化，形成了“诚信、务实、开放、创新”的宁波精神。

这些厚重的城市文化、城市精神和城市文明，为宁波城市形象的塑造充实了饱满的底气。而这也正是宁波城市形象理念识别元素和对外宣传的强大精神元素。

第四节　城市生态建设与生态文明

关于城市生态建设与生态文明，近年来，宁波市从现代化全局出发，把实践科学发展观、实现可持续发展作为重要目标，提出了生产、生活、生态联动的战略思想。在21世纪初，宁波市又做出了建设生态市的重大决策，全面实施“蓝天、碧水、绿地、洁净”四大工程，取得了突出的成就。

生态建设的具体内容和现实举措，至少包括四方面内容：一是气环境和水环境建设和改善。实施城市“禁燃区”建设和机动车排气污染防治，加快淘汰改造燃煤锅炉。强化运用水源等重点水域及农村环境综合整治工作，排查水库，建立各类污染源工作台账；加强生活污水处理设施建设等；二是加强环境执法监督管理，监测监控环境空气质量，如发布中心城区 PM2.5 实时监测数据等；三是加快企业的转型升级淘汰“三高”落后产能。减少 CO_2、SO_2 等氧化物的排放；四是大力开展建筑节能和可再生能源推广运用工作。加快省级生态市建设步伐，争取更多的县市区通过省级和国家级生态考核验收。

生态文明的建设要进一步强化公众的参与意识。近年来，随着贯彻市委“六个加快”战略，宁波市生态建设各项工作蓬勃开展，市民生态环保意识日益加强，市有关部门与媒体大力倡导低碳环保理念，涌现了许多生态和文明先进典型和重要活动，成为生态宣传的一个窗口。如宁波市生态办与《东南商报》联合，连续八年实施的“环保・故乡・山江海”活动已成为宁波生态文明建设的一大活动和宣传品牌，走出了宁波，在浙东地区产生了积极广泛的影响，营造了良好的生态文化舆论氛围。下一步应继续打造这个环保活动，成为一个持续进行的活动品牌。另外，在生态建设方面，应发挥县、区优势，如宁海是全国生态文明的先进县；奉化既有历史文化底蕴，也是生态文

▼东钱湖

▲滕头村休闲

化集中的地区，“既要金山银山，更要绿水青山”的滕头村，成为世界生态村500佳；还有江北慈城等。以这些生态文化景观打造宁波后花园和上海乃至长三角后花园的概念，将会有力推动旅游业的发展，创造宁波城市形象对外宣传的良好载体。

2013年宁波“两会”，把“美丽宁波”首次写进了政府工作报告，生态美也是美丽宁波的题中应有之义。宜居环境、美丽山海、和谐生态都是宁波城市形象的重要支撑。

第五节 城市形象品牌建设

在三大建设过程中，确立和培育城市特色形象品牌，营销城市形象，也是非常重要和迫切的。

从顶层设计入手，明确建设现代化国际港口城市的目标，把“书藏古今，港通天下”作为宁波城市形象总体定位的基本主线，统领城市形象品牌建设。有专家建议，宁波要着力培育和打造好五个方面重点城市形象品牌。

一、商贸经济强市的形象品牌

在城市形象塑造提升过程中，突出体现宁波经济发展的三个优势：一是经济综合实力位居同类城市前列的长三角南翼经济中心优势；二是特色鲜明且影响较大的开放经济、民营经济、海洋经济发展优势；三是创新驱动，率先转型，以战略型新兴产业为引领的先进制造业产业优势。

二、对外开放强市的形象品牌

重点围绕三个方面来塑造提升宁波城市的开放形象。首先是贸易口岸功能突出，外资外贸外经发达的开放型经济体系优势；二是国际强港支撑足，资源配置能力强的长三角亚太国际门户城市功能优势；三是基础设施国际化水平高，城市国际交流合作多的国际化优势。

三、书香文化强市的形象品牌

宁波的城市文化形象品牌塑造，可围绕“书藏古今”这条线，着力突出三个重点。第一点是浙东学派源远流长，名人荟萃，地域特色鲜明的历史文化名城优势；第二点是文化市场比较繁荣，公共文化服务优质的文化事业和文化产业发展优势；第三点是市民整体素质高，城市理念精神优，社会和谐程度高的文明城市优势。

四、海港城市的形象品牌

既把宁波定位为现代化国际港口城市，那么就要着力突出城市形象中的“海”和“港”的特色优势。首先是自然条件非常优越，港口货物和集装箱吞吐量世界领先，临港产业十分发达，港航物流体系比较健全的国际强港优势；其次是海洋资源非常丰富，海洋产业基础比较雄厚的海洋经济核心示范区优势。

五、幸福城市的形象品牌

要塑造幸福城市的形象品牌，关键是要做强做响宁波民生服务的三个特色优势。首先，是全国领先的居民和农民收入水平（根据2013年2月发布的《2012年宁波市国民经济和社会发展统计公报》：2012年，宁波市区居民人均可支配收入37092元，比上年增长11.3%，农民人均纯收入18475元，比上年增长11.8%）以及较高的市民幸福感指数；其次，是气候宜人，江海交融，山川秀丽，生态优美的宜居环境；第三，是城乡高度融合，政府公正高效，公共服务优质均等的社会环境。

第六节　城市识别系统建设

城市识别系统建设，即通过对城市形象有关的一切要素（理念、行为、视觉）进行全面系统的规划设计，并通过全方位、多媒体的统一传达，塑造一种与众不同的形象，以谋取社会大众认同的城市形象战略系统，这也是许多城市对城市形象进行建设和管理的科学做法。宁波在打造和传播城市形象的系统工程中，应尽早地开展这项研究并导入城市CIS。下面我们先以杭州和北京两座城市为例，做一个分析。

一、杭州市的旅游城市形象识别系统

杭州在建立“旅游城市设计信息系统”中导入CI（与CIS同属一套理论，但有侧重点的差异），并作了以下考量。他们认为，杭州作为一个旅游城市，以旅游为主导，带动其他产业，城市的形象设计应以此为核心，以“国际旅游

城市”为目标，全面呈现21世纪“新天堂”的城市形象。杭州旅游城市CI设计导入，将指导城市（特色）形象的体现。建议CI导入参照如下内容：

（一）理念识别要素

包含：城市旅游特色、风格；城市旅游发展宗旨、目标形象；旅游经营方针、原则；旅游宣传口号。

（二）行为识别要素

包含：对外——城市客源市场调查、产品开发；城市旅游公关活动、市场促销；城市的公益活动、文化活动。

对内——城市面向市民（含旅游从业人员）的CI宣传；各类旅游企业的相互协作；城市旅游的管理体制和管理办法；旅游从业人员的培训；城市文化建设；城市旅游发展规划的制定与实施。

（三）视觉识别要素

包含：城市旅游标志；城市旅游名称标准字的设计；城市旅游的标准色；城市旅游代表形象设计；市花、市树的标志设计；城市旅游特色歌曲、乐曲的制作；旅游广告、旅游手册、地图、明信片、幻灯、录像等制作。

（四）旅游城市建设要素

包含：建筑风格、色彩；城市道路、水面、绿地、建筑小品；城市亮灯工程；行道树、花草、路灯、路牌、邮箱、单位的牌名等。

杭州在导入CI设计时，特别强调对公众开展杭州城市形象的宣传教育，要求把实施杭州城市形象工程作为全市的一项战略任务，广泛向各部门、各系统、各单位及市民进行宣传教育，通过报刊、广播电视等新闻媒体进行专门的报导，做到家喻户晓，变为自觉行动。与此同时，需利用各种途径，包括每年举办的国际旅游节等大型活动，杭州与国内外进行交流的各种展览会、交易会、洽谈会、学术交流会、体育比赛、文化交流和文娱演出等各种活动，以及接待国内外来杭旅游的机会宣传杭州，通过多媒体信息系统，让世界了解杭州，从而确立杭州在国内外的新形象。

二、北京市的城市形象识别系统

北京是中国的首都，据 2012 年末统计，常住人口有 1381.9 万人，是有国际影响的大都市，有悠久的历史，在举办 2008 年奥运会之前，他们采用整体创新的方法，首次推出了全新的北京 CIS 城市识别系统的理论体系，并把经过创新、检验的 CIS 理论运用到北京城市形象建设中。

（一）北京的研究团队剖析了有关 CIS 的各种概念和翻译方法，理清了概念，澄清了事实，使创新的 CIS 理论建立在科学的基础之上。例如：对“CI”和“CIS”两个概念作为组织识别系统含义的异同；对“CI”作为组织形象“Corporate Image”和作为组织识别“Corporate Identity”的不同之处展开分析，对“CIS”作为“Corporate Identity System”和作为“City Identity System”城市形象的含义进行分析。为了达到国际传播的目的，他们还确立了这些概念科学的英文翻译方式。

（二）首次推出都市形象 CIS“五要素说”（国家“九五”规划的城市形象工程用的是 CIS“三要素说”），即：

1. 北京城市的理念识别系统（MIS，Mind Identity System）
2. 北京城市的行为识别系统（BIS，Behavior Identity System）
3. 北京城市的视觉识别系统（VIS，Visual Identity System）
4. 北京城市的听觉识别系统（AIS，Audio Identity System）
5. 北京城市的环境识别系统（EIS，Environment Identity System）

（三）首次提出城市“CIS 场”和“CIS 场效应”的概念。“场”（Field）的概念在物理学中是物质存在的两种基本形式之一，存在于整个空间。城市 CIS 场是一个城市对内进行文明传承、对外有利于识别的特定的信息场，是一个有利于公众识别、认知的特定空间。它是将五个要素以系统、多维的形式编织成一个巨大的信息网，也是 CIS 创新的一种模式。他们从城市的 CIS 视觉研究，发展到听觉、感觉研究，再发展到“统觉”研究。

“CIS 场效应”指 CIS 的五要素在一起通过特定组合，相互作用，产生五个一相加大于五的耦合效应。这个“场”使“CIS”不再是五个要素的链式相加，也不是五个要素相乘得出的“面”，而是一个三维乃至四维（加上时间维）

的“立体动感的空间”。当人们进入某种CIS场后会产生心灵的震撼，无论是在生理还是心理上，都会受到一种感染。

（四）提出城市形象识别系统（CIS）的策划原则：1. 识别性原则；2. 科学原则；3. 系统原则；4. 美学原则。

（五）首次提出城市形象策划“七唯一策划法”，这是帮助城市塑造形象、创造城市品牌个性的一种有效方法。“七唯一”包括：寻找我的唯一，辩证我的唯一，开创我的唯一，占有我的唯一，保卫我的唯一，张扬我的唯一，超越我的唯一。

（六）首次推出城市形象CIS设计新的评价体系，由“两维的评价体系”，即“国家九五规划课题——中国城市形象工程”的“知名度、美誉度”评价体系，增加到“四维评价体系”，即“知晓度、美誉度、对应度、识别度”评价体系；同时，首次推出城市CIS评估公式，即成功的城市CIS形象＝城市发展目标＋公众心理＋信息个性＋审美情趣；按照这个评价体系设计北京城市形象可以帮助“我们”准确地把握市民、外国游客、外国组织对北京的评价，找到对“他们”宣传的科学方法。

（七）首次提出城市理念识别系统，分析了城市理念的概念，提出城市理念的四种类型的划分；提出了北京精神，即科学精神、民主精神、爱国精神；提出首都意识，课题组认为首都意识首先是“主人翁的意识”，核心是一种负责精神，北京应成为首善之地，全国表率。第二层次是“文明礼仪”意识、“道德规范”意识，要指导全体市民讲文明，讲道德。第三层次是“国际风范”，即我们的“文明礼仪”和“道德规范”是建立在建设现代化国际大都市的前提下。提出北京市民价值观，即正直、朴实。

（八）设计了北京城市的行为识别系统（BIS）。课题提出：北京城市的市民应有一套符合北京国际化大都市定位的行为规范。课题研究者首先分析了什么是北京人，分析了现有北京市民行为规范，提出了合理化建议。建议制作《市民手册》灌输关于做现代北京人的常识的手册。同时，在2005年北京人文奥运礼仪宣传的高潮中编写了《北京市民文明礼仪读本》，目的就是使北京的市民行为更加文明得体，使之成为北京城市形象的重要组成部分。

（九）首次运用 CIS 理论提出北京城市视觉识别系统，分析了北京城市市徽、市花、市树的现状，提出了 VIS 视觉识别系统的内容，城市视觉识别系统基本要素，城市视觉识别系统识别应用要素。提出如何设立市徽、市旗、市花、市树、市鸟、市兽的建议，例如对北京的市花、市树都从目前的“两种”改为“一种”；将一种市花、市树中的一个品种确定为市花、市树，例如从 14000 种月季中确定一种为市花，并将其变为具像的图案进行规范的传播。

（十）首次提出城市 AIS 听觉识别系统。探讨了听觉识别系统的概念表述、内容与策划要点。听觉识别系统的内容包括北京市歌，活动歌曲，城市的自然之声，独特的人文之声 —— 地方民歌、地方戏剧、地方曲艺、地方叫卖、地方口音，网络主页的音乐、音响等。

（十一）提出 EIS 环境识别系统的研究。提出城市 EIS 环境识别系统的概念，概括了环境识别系统的内容。传统意义的识别主要包括：1. 城市标志性建筑；2. 城市的标志性广场；3. 城市雕塑；4. 绿化文化；5. 城市卫生环境；6. 市政交通环境；7. 市政管理，包括照明、水务、桥梁、供暖等。

三、宁波的现状及进展

宁波市城市形象建设工作尚处在发轫阶段。多年来，宁波城市形象构建一直是一个自发的过程，随着城市自身发展，三大城市形象识别系统都有推进，也有了一定的基础，但是还没有形成真正的战略规划。2007—2008 年，市委宣传部、市政府外宣办联合宁波日报报业集团，委托复旦大学公共关系研究中心组织了“宁波城市形象软实力”课题研究，对宁波当时已有的城市形象要素进行了科学评估。在此基础上，2009 年，通过广泛征集和层层评选，最终确定了宁波的城市形象口号 —— “书藏古今，港通天下”，对宁波城市形象作了总体定位，对原有的城市精神、城市发展核心理念作了丰富的扩充。近几年，以宣传城市发展实践和推广城市形象口号为重点，宁波城市形象宣传力度明显加大，但是离城市形象的系统构建和城市品牌营销还有一定的距离。

从城市形象理念识别的系统构建看，虽然，宁波城市形象口号的概括提炼已基本完成，对外已有“书藏古今，港通天下”的宣传口号，对内已有“思进思变思发展，创业创新创一流”的城市理念激励口号，且两句口号已逐渐深入人心。但是，在城市总体理念的概括和定位上，并没有完全系统化，接下来在贯彻市第十二次党代会精神过程中，应该对城市精神理念、城市发展战略、城市规划理念、城市经营理念、城市服务理念等进行准确定位。另外，在城市哲学观的提炼上，需要在“诚信、务实、开放、创新”的宁波精神的基础上，对城市价值观、城市道德观、城市法制观、城市生活方式等进行科学定位。

从城市形象的行为识别系统构建看，近年来，通过文明宁波、平安宁波、法制宁波等建设，宁波市的政府行为、市民行为、企业与窗口行业行为、城市危机应急处理行为水平都在不断提高，但也没有形成系统化，今后重点应该建立规章、形成机制，通过《政务活动手册》《市民文明手册》《市民法制读本》《窗口行业服务规范》《简单英语口语300句》等书籍载体，对城市全体市民进行分门别类的教育培训，引导全体市民对城市形象的理解和认同，并将城市理念贯彻到全体成员的日常行为中，创造城市新风貌、新气象。

从城市形象的感观识别系统构建看，在城市视觉文化建设上，目前最缺乏的是城市统一的形象标识，并以此为基础，对城市标准字体、标准色彩、城市吉祥物等进行明确定位。2012年9月，宁波已开展公开征集城市形象标识活动，待城市Logo诞生后，必须抓紧推进上述城市视觉识别基础工程建设，并逐步推进城市公务识别、公务员制服识别、城市公共产品（交通、导向、家具、街区、窗口）识别等系统工程建设，让宁波本地人与外地人对宁波市的标识眼熟能详。同时，积极推进城市听觉文化建设，实施发言人之声、城市人文之声（方言、曲艺、民歌等）、城市网站音乐、城市歌曲等工程，让人们对宁波耳熟能详；推进宁波味觉文化建设，打造“舌尖上的宁波”工程，挖掘整理宁波美食和“老字号”文化，触动人们从味觉上感知宁波。推进宁波景观文化建设，规范城市景观形态，美化城市绿化系统，优化城市公共艺术景观、广场景观、建筑景观、城市亮化等系列工程，扮靓宁波，吸引更多海内外游客到宁波观光，让人们感受耳目一新的宁波。

从城市形象的品牌构建分析，目前存在不少短腿。一是缺少国际知名企业和知名品牌。当前，国际市场竞争是科技与品牌的竞争，拥有多少名牌产品和知名企业，已成为衡量一座城市国际化程度高低的重要标准。宁波虽然也有一些名品和名企，但这些名品和名企在国际范围内的知名度不是很高，市场占有率也并不大，竞争力不是很强。因此宁波要建成国际化城市，必须千方百计打造一批真正能够称得上世界性的名品和名企。二是人才制约。作为一个国际化的城市，不管是什么型的城市，没有具有特色的、功能齐全的、高效的人才孵化基地，诸如名牌大学和名牌科研院所是绝对不行的。目前宁波的高校、科研院所整体力量还比较薄弱，这也成为拓展国际交流的一条短腿。三是国际化量化指数太低，体现在在甬的外国人不多。一个城市常住外国人比例达到全市常住人口比例的1%，是城市国际化的一项标准。这方面，宁波目前还远远落后，主要原因是由于世界500强等国际知名企业落户不多，直接影响着外国人来甬的数量。四是会展活动自娱自乐。宁波虽然也算是国内著名的会展城市，虽然不少活动冠之以“国际”称号，但真正参会的外商、外国人并不多，很难造成真正的国际影响。会展活动和体育赛事是提升城市国际知名度的重要平台，宁波应该走“少而精”之路，整合现有的会展活动，多举办各类国际媒体真正关注的国际性会展或者是重大的体育赛事。

总之，在城市形象建设大系统中，还有大量工作要做，须全面导入CIS，形成科学规范的体系，这将对城市形象建设发挥重要的统领性作用。

第四章 城市形象对外宣传的方法和途径

宁波老外滩

通过整合传播的方法来营销城市形象：包装——推出城市亮点；参评——扩大城市影响；传播——采取多种手段。加强对外传播基础工程建设，融入世界话语体系……

第一节　城市形象整合传播途径

一、整合传播的相关概念

在谈城市形象整合传播之前，首先要介绍一个概念：整合营销传播。整合营销传播理论（Integrated Marketing Communication）简称 IMC，兴起于商品经济发达的美国，是一种实战性极强的操作性理论。全美广告业协会将其定义为："整合营销传播是一个营销传播计划的概念，即通过评价广告、直接营销、销售促进和公共关系等传播方式的战略运用，并将不同的信息进行完美的整合，从而最终提供明确的、一致的和最有效的传播影响力。"整合营销传播实际上是一个对现有顾客与潜在顾客发展和实施各种形式的说服性沟通计划的长期过程，它是欧美 20 世纪 90 年代以消费者为导向的营销理念在传播宣传领域的具体体现。目前国内外已认识到了战略整合多种传播手段的必要性，纷纷采用新的营销方式，将以往广告上的努力转化为各种传播技术的整合，通过协调营销传播方式，择优采用传播工具，发展更有效的营销传播计划。营销传播的整合式营销是基于主体对环境变化的适应。同样，城市形象在传播过程中也需要对其传播工具进行整合。

整合营销传播理论运用在城市形象传播上就形成了城市营销理念，它指的是运用市场的机制来经营城市，把整个城市空间和环境当作产品。城市营销的概念同样起源和流行于西方发达国家，研究的主要代表人物有艾斯沃斯与沃德、科特勒、拜里以及史密斯等人。其理论认为传统的城市规划只注重物质层面，是一种“供给导向（Supply-Oriented）”的规划方式，其注意力集中在解决现有环境中的各种功能性问题上，这往往会将人们的真实需求忽略掉，而对真正需求的判断不清使得城市发展方向模糊，有时甚至完全迷失了方向。这种情形可能会使城市的前后规划矛盾，建设思路不一致。因此，就算城市有再好的物质环境配置，如果不具未来发展性，城市也只能徒有虚假的吸引力。这一理论主张城市规划应该突破这种“供给导向”（Supply-Oriented）”的方式，而改为按照“需求”来生产城市空间、配置公共设施，即采用“需求导向（Demand-Oriented）”的规划方式，首要考虑的是实际与潜在消费者及目标群体的需求，且在物质规划之前先确定城市的价值观，在此基础上拟定城市的未来发展目标，确保该目标符合所有城市消费者的需求。所以，从这个意义上来说，我们谈城市形象的营销和整合传播，正是基于把握城市未来需求的方向而采取的途径。

二、让城市形象传播效果最大化

如何让城市形象传播效果最大化呢？现在各个城市都意识到了品牌宣传的重要性，并开始通过各种媒体宣传自己的城市卖点，以吸引更多的游客和投资者入驻城市。然而，在这个信息时代，信息渠道和信息流量大规模增加，相应地在信息传播过程中来自各方面的噪音也明显增加，任何缺乏吸引力的信息都可能淹没在信息的海洋中。所以在城市激烈的竞争中，如何提高其到达率，使传播效果最大化就成为一个关键环节。

传播学受众分析理论认为，面对众多的媒介信息内容，受众成员无法毫无选择地被动地注意所有内容并对它们作出反应。他们只能根据自己的不同特点、不同需求，对信息进行选择性注意、选择性理解与选择性记忆。对于如今生活中随时随地充斥着的广告，消费者已经漠然。不管是一般商品的广告，还是城市宣传的信息，消费者都将信将疑，他们更倾向于通过其他的途径接触品牌信息，比如媒体报道、上网搜寻、朋友的推荐等。这时传播主体就需要研究如何以消费者感兴趣的方式去接触他们，并且如何打动他们并使之信服、记忆。为了获得城市消费者对信息的关注，营销传播不断地进行调整，一些符合新的信息环境的营销传播方式开始出现，整合营销传播就是这种背景下的产物，其目标是在营销沟通中实现有效传播，争取在充满干扰的信息海洋中能够获得受众的关注，并进而赢得消费者的认同。

依据整合传播的理论，宁波城市形象塑造和对外宣传可用 8 个字作一概括，即“内塑品质，外树形象”。前面三大基础建设也好，五大品牌建设也好，均属于“内塑品质”的内容，而对外宣传和营销城市则属于“外树形象”的部分。

如何树立宁波城市形象，最便捷的办法，就是在三大建设五大品牌塑造过程中营销城市形象，不断推出系列活动和建设亮点（报道），展现城市风采。同时，通过整合传播的方法来营销城市形象。

总的来说，可以采取三种手段或三条途径。

（一）包装 —— 推出城市亮点

1. 分块包装，整体推出

城市形象对外宣传是个系统工程，在对外宣传过程中，将城市形象的各种元素分成若干子系统，在若干子系统中找出最能体现城市特色和城市形象本质的元素，分块分类进行形象设计和包装。试举一例，如宁波作为服装名城，制造业基地、港口、商城等，有众多对外可以叫得响的品牌元素，在商贸经济发达的城市形象品牌统领下，用系统论的原理进行分块包装，每个子项设计出形象宣传亮点，不断放大其品牌效应，在各个子项和分系统都得到充分展示，并对外进行广泛宣传，其时，整体（系统）的城市形象也将得到充分展示。

2. 亮点设计

如宁波作为服装名城，“宁波装”是一张叫得响的名片，而“服装节”又是对外展示宁波形象的一个好机会。但如果设计不出宣传亮点，在年复一年的国际服装节中，城市形象的对外宣传效果就会越来越差。宁波“服装节”最成功的一个策划和亮点设计是当年宁波与意大利佛罗伦萨市结为友好城市互赠雕像，宁波赠送佛罗伦萨一座南宋（仿）石雕像，意大利赠送宁波一座大卫（仿）雕像，这对两国两座城市的互相了解、促进友谊发展都有重要现实意义，而且形式特别，传播效果好。所以说是成功的亮点。

所以，宁波要借助服装名牌，不断打造和宣传亮点，应充分利用好服装节这个平台，比如可以与大连联手，开展两座服装名城的对话，大连服装节已成为国际有影响的专业节日。通过两座城市不同的营销方式，借鉴比较分析，界定“南派”“北派”服装体系，通过系统地对雅戈尔、杉杉、罗蒙等品牌的亮点设计宣传，奠定宁波作为“男装之都”的地位，形成国内国际的共识。

（二）参评 —— 扩大城市影响

在塑造幸福城市形象品牌的过程中，如参评全国文明城市、幸福人居城

▼第十五届宁波国际服装节开幕式

市、森林城市、环保模范城市、综合（经济竞争力）排名、联合国人居奖等。参评的过程，也就是对外宣传宁波城市形象的过程。在参评活动中，重点要突出，搞好对外宣传，如可以把参评全国文明城市、幸福人居城市、森林城市、环保模范城市、综合（经济竞争力）排名、联合国人居奖等作为重点外宣主体活动。因为这类评选，一是在国内国际关注度较高，更重要的是这类评选，与人民群众生活和社会经济发展密切相关，有利于提高老百姓生活质量和城市竞争力，老百姓愿意参与，政府关注度高，都有共同需求，互动效果容易造就，而外宣也可以起到更好更强的促进作用。但同时，也要注意参加有特色的新类型的大型评选活动，因为新类型评选活动传播效果好，媒体关注度高，对外宣传的效果也更容易得到显现。如 2010 年 10 月在南京揭晓的“国际形象最佳城市”评选（宁波被选上），虽然是在国内举办的，但是也能较大地提升宁波在国际人士中的知名度。

（三）传播 —— 采取多种手段

多元传播，整体宣传。这里指的是充分利用各种媒体进行宁波城市形象对外宣传，当今社会处于信息爆炸的时代，传播渠道的便捷和传播方式的快速在互联网时代得到充分体现。地球已变成了一个“村庄”，世界国与国、地区与地区之间从传播的角度来说几乎没有了距离。但是因为资讯太丰富，各种信息太多，包括了有效和无效的各种信息，给人们选择信息也增加了难度，而要做到形象传播的有效性和针对性，就必须充分发挥媒体的作用，尤其是电子媒体的作用。在之前的问卷调查中，我们发现，在对宁波认知渠道一栏中，人数最多的（32.74%）就是通过电视宣传而获知，其次是网络。

宁波已拥有包括网络、电视、平面媒体等各种自己的媒体，这些都是传播宁波形象的渠道。从宁波市征集城市形象口号这一成功举办的活动中，我们可以看出，市外宣部门充分利用了各种媒体，整体协调，推出了征集活动，当时是以平面媒体《东南商报》和网络媒体“中国宁波网”为主，协同全市电视、广播和其他平面媒体，以及从中央到华东的各类电子、平面媒体进行宣传，引起了海内外读者的关注，使征集活动也成为对外宣传宁波城市形象、展示宁波城市形象的大行动，效果非常好。

从前述问卷调查的结果中，我们还可以知晓人际传播也是一个重要的不容忽视的渠道。在国外，更多的人对宁波的了解是通过人际或小众化传播实现的。

现在，媒体种类增多、受众细分化是传播领域的一大趋势。对于传播者而言，在媒体的运用上有了更多的选择，却也同时面临媒体效果稀释的问题。媒体业为适应市场竞争，电视、广播、杂志、报纸等媒体更加细分以吸引更加挑剔的城市消费者，针对不同年龄、性别、爱好的受众发展不同的媒体节目、媒体种类。因此，城市营销者应该研究媒体受众的变化，妥善为城市传播进行媒体规划，降低对大众媒体的依赖，逐步重视小型、目标性的媒体也是一种选择。

总之，在宁波城市对外宣传的过程中，主管主办部门应该采取多元化传播，以信息内容一致、整体推出的方式来树立宁波的城市形象。

第二节　城市形象的国际传播

当然，建设现代化国际城市，在整合传播中，重要的而且需要高度重视的是向世界传播和展示宁波的城市形象，以促进和加快宁波融入全球化经济走向世界的步伐。不过，城市形象的国际传播，有更高的技术性要求和内外部条件作基础。下面作一分述。

城市形象的国际传播是一个系统工程，其成效取决于传播主体的能力、传播客体的接受能力、传播内容和形式的科学适用性以及传播渠道的畅通等诸多因素。城市形象国际传播的重点就是城市通过各类符号信息进行有效传播，广泛深入地影响人们的感官，从而获取人们对这座城市的正面评价。宁波城市形象的国际传播尚处于探索阶段，还有许多薄弱环节需要系

▲与国外友人一同练习书法

统推进，逐步改善。

从国际传播基础条件来分析，宁波目前缺乏自有国际传播媒体平台，城市形象内容缺乏国际包装，缺乏各类适合国际传播的外宣品；城市景观缺乏国际识别能力；缺少各类国际传播专业人才；缺少城市形象国际传播经费投入等。从传播主体构成分析，城市形象传播的主体可以是政府，也可以是企业、组织或个人。宁波作为沿海开放城市，经济外向度高，社会各个层面国际交流广泛深入，这应该是提升国际知名度的优势，然而目前并没有形成以政府为主导，企业、社会组织和个人齐头并进的良好局面。从传播受众分析，城市形象国际传播的主要对象是外国人，不同国家受众在生活环境、思维方式、文化习俗、社会制度等存在差异。我们现在对外传播缺乏针对不同受众的精确化传播，而采取“统一命题”的做法，实际效果并不好。且目前主要传播受众还局限于国内和部分海外华人华侨，很难影响到西方主流社会。

从传播内容和形式看，目前城市形象国际传播则多依赖于各类政府部门组织的“请进来”“走出去”式的经贸文化交流活动；利用国外媒体和国内涉外媒体传播城市形象机会不多，没有形成常态化的合作机制。

为此，推进宁波城市形象国际传播，可行和可选择的做法是，必须在主体力量上形成合力，尊重国际传播规律，从受众的角度实施精确化营销，借助人流、物流、信息流三大渠道，不断创新城市形象传播的内容和形式。

一、加强城市形象传播组织体系建设

建议在市委对外宣传领导小组统一领导下，由一个部门牵头，分工开展工作。比如由市委宣传部门牵头，开展城市形象理念识别系统、行为识别系统构建；由市委外宣办牵头，开展城市形象视觉文化、听觉文化识别系统构建；由市旅游部门牵头，开展城市形象景观文化、味觉文化识别系统构建；由市外宣、文化、新闻、出版、广电、旅游、外经贸、外事等部门共同参与，分工开展整体城市形象对外传播、城市文化对外交流、城市旅游形象对外传播、城市招商形象对外传播。各级各部门既分工，又合作，共同推进宁波城市形象对外宣传。

二、加强城市形象国际传播经费投入

建立城市形象宣传年度项目策划机制，及时研究来年城市形象宣传重点项目，并由市财政提供必要的专项经费。做好国际传播整合营销文章。

三、加强城市形象国际传播人才储备和保障

鉴于城市形象国际传播跨国、跨语言的特点，要由专门部门来牵头，开发利用市内各大高校以及宁波外事学校等专业学校的师资，积极配合各项对外传播项目有效开展，提供人才保障。挖掘梳理在国家级省级宣传、外宣、外事、文化、旅游、商务、媒体、高校等部门工作的“宁波帮”资源，建立宁波国际新闻宣传人脉资源库，为宁波城市形象宣传国际传播提供智力支持。

四、加强国际传播的内容、形式创新

（一）加强对外传播基础工程建设。1. 尽快征集确定宁波的城市标识 Logo，以便在各类外宣品中植入城市 Logo 识别元素，广泛深入地用于对外交流。2. 出版一套外文图书。选择市级报纸定期开设专栏，让在宁波生活工作的“老外”用各自的母语来写宁波，经过若干年的积累，精选其中篇目，出版英语、法语、德语、西班牙语、阿拉伯语、日语、韩语等一套《宁波“外”传》的外宣图书，作为我们面向不同语种国家交流介绍宁波的主要外宣品。3. 拍摄一个系列的城市纪录片，选择合适时机，邀请上述语种国家主流电视台知名编导访问宁波，让他们用镜头来介绍宁波这座城市，这些纪录片将能够成为开展对象化国际交流的宣传品。4. 借助于大型活动创作一首注入流行元素的时尚歌曲《宁波欢迎你》，通过邀请形象大使拍摄 MV，通过网络传播等宣传推广渠道，广泛传唱传播，增进海内外朋友对宁波的亲近感。5. 开办一个广播电视外语节目，促进生活、工作在宁波的外国人融入宁波、宣传宁波，推动市民学习外语，增强与外国人打交道的水平和能力。

（二）开发人员流、物质流、信息流三大传播渠道，推进宁波城市形象对外传播营销。要设法利用国际主流媒体宣传宁波，抓住有利时机，适时邀请外国主流媒体记者来甬采访，依托国际媒体平台宣传报道宁波城市的方方面面。要加强与新华社、人民日报海外版、央视外语频道、中国国际广播电台、中国日报、上海日报、浙江日报海外版、浙江广播国际频道等国内主要涉外媒体的联系沟通，建立良性合作机制，有计划地推进宁波的对外新闻宣传。科学评估广告宣传项目，推进在海外传播平台展示宁波城市形象。要充分发挥互联网信息海纳百川、无国界的传播优势，在积极利用知名网络媒体宣传宁波的同时，以市政府新闻办名义办好一个中英文网站，打造宁波城市形象推广、政府新闻发布、重大经贸文化活动媒体互动、对外新闻文化交流的自主传播平台，使其成为海内外人士感知宁波、了解宁波的新窗口等。

五、融入世界话语体系

如何让外国和国际媒体关注宁波或者宣传宁波，除了上述国际传播必须打下的基础条件外，对于从事外宣工作的相关人员来说，还有一点是必须明确的，国际传播有其特殊的要求，在传播策略上要格外讲究。其中重要的一点，是要能融入世界话语体系。

如何融入呢？一位专家曾在谈到塑造国际城市品牌形象要充分发挥媒体作用，讲究媒体策略时认为对于宁波这样的发展中国家的城市来说，其形象塑造的媒体策略应当包括两个方面：一方面要积极提供内容，通过本国有影响的对外宣传传媒和权威性的传播机构，向外传播城市形象产生国际舆论影响力。另一方面，在通过国内媒体向外传播的同时，借助西方主流媒体或国际化媒体反向进行“二次传播”（转播、转载），通过这种“二次传播”更多地发出自己的声音，以扩大影响力。

当然作为一座国内城市，要做到这样并不容易。所以其传播策略的重点注意问题是要能够融入世界话语体系。

融入世界话语体系，首先是语言符号的使用问题。与一般的口头、书面语言不同，媒介语言一旦形成，就会借助现代化的传播手段迅速传播出去，在世界范围内产生影响。这就在客观上对媒体（特别是外宣媒体）的语言转换水平提出了很高的要求。除了语言符号的使用之外，话语方式或表达方式的问题也不容忽略。一国信息传播的话语方式只有同目标受众的信息编码、释码、译码方式相吻合，传播才能顺利进行，才能取得预期的效果。否则，传受双方就会因错位而无法对接。这就要求形象塑造与传播主体改变以我为主、自说自话的表达方式，尽量寻找与信息流向地受众话语的共同点并努力扩大这个共同点，以世人能够接受并乐于接受的方式表达。只有这样，所传信息才能引起人们的关注与兴趣，也才有可能经“二次传播”被更多的人知晓。如何做，这里举一个精彩案例，以资借鉴。

2012 年 7 月 4 日在伦敦奥运会开幕前，中国有 7 个城市在伦敦营销城市形象，引起英国媒体极大关注，十分精彩。

中国城市在伦敦街头的城市形象“营销战”

据《南方周末》报道：伦敦奥运会开幕前夕，至少有7座中国城市加入了伦敦街头的城市形象“营销战”。其中，成都市的大熊猫攻占伦敦，格外精彩。

“108只熊猫入侵啦！”

2012年7月4日，一场视觉秀“熊猫太极”在英国伦敦市中心的广场举行。这些从伦敦招募的异国大学生、演员穿着毛茸茸的外套，伴着震耳的锣鼓声，他们动作笨拙，变换的方阵也不成方圆。

但这不影响吸引所有人驻足注目，路人嘴巴张大成“O”形，掏出手机，举着iPad，拍下这群填满了广场的“不速之客”。

“这太神奇了。”活动的项目负责人对着对讲机说。他戴着红领带——所有物件都充满了中国红，连工作站的桌布、气球的丝带、工作人员的工作牌都是红色。对讲机另一端是十几个工作人员，统一穿着绿色T恤，绿色

▼成都大熊猫“攻占”伦敦

代表“保护动物”，T 恤上的字样“CHENGDU”则告诉英国人：熊猫的故乡在成都。

随后“熊猫人”兵分两路，一路坐上典型英国风情的双层敞顶大巴，在市中心街道巡游。

另一路则步行前往唐人街，和路人竞相“熊抱”。工作人员随行，不厌其烦地介绍着“成都熊猫保护意识周”。此前一天，英国家喻户晓的明星主持人奈杰尔·马文则带着“熊猫人”，到一所小学，四十多名小学生正在给远在成都的熊猫写明信片。

“我不知道成都。”小学校长和广场的路人一样，疑惑地用蹩脚的中文重复“成都”二字，但她很开心，“不管如何，我们都爱熊猫。”

这场“毛茸茸的行为艺术”几乎抢占了英国及周边国家所有主流媒体的版面，甚至远在美国、日本、新加坡的媒体都做了报道。“108 只熊猫入侵啦！”英国《每日邮报》这样写道。成都市政府后来监测发现，全球有 120 多家媒体进行了报道。

没有一名成都政府官员走到摄像机的镜头前，但几乎所有媒体都报道了“成都”。与其说“熊猫入侵”，不如说是在全球瞩目的奥运会前夕，成都成功“攻占”了举办地伦敦。

108 个“熊猫人”从临时工作站走到伦敦特拉法加广场不到 5 分钟时间，但成都市政府却为此准备了近 1 年。

这是一场谋划已久的城市营销，一场由成都市城市形象提升协调小组策划，成都大熊猫繁育研究基地举办的公益活动：“成都”熊抱“伦敦奥运”。尽管项目负责人一再强调活动的主旨是“保护熊猫”，但“成都”的名字已不难被欧洲人记住，而他们都是到成都旅游、投资的潜在区域人群。

（2012 年 07 月 23 日 10:18:44　来源：南方报业网）

经历过北京奥运会之后，大家已经很有经验了。伦敦奥运会即将在 7 月 27 日盛大开幕，对于中国城市营销专家来说，就是个最好的向世界推销城市的得天独厚的大舞台。与以往企业唱主角相比，不少中国城市瞄上了这块“蛋糕”。伦敦奥运会开幕前夕，至少已有7座中国城市加入了“营销战”，有天津、南京这样的大城市，有山水甲天下的旅游名城桂林，甚至也包括山东潍坊这样的小城市。

当时，与“熊猫巴士”争妍斗艳的，还有杭州市的旅游形象推广出租车，车身是西湖山水和一位端着茶杯的姑娘，上面印着“Unseen Beauty Hangzhou China”（中国杭州，无与伦比的美丽）。

“杭州计划在9个主要的游客来源国家投放约60辆公交广告车，还有伦敦的150辆出租车。”杭州早在3月份，诸多旅游单位和企业便组团到了伦敦，带来了书法、茶道，以及美轮美奂的天堂照片。

据杭州市旅游委员会国际推广负责人介绍他们的做法：“我们用酒会的方式，waiter（服务员）端着酒杯在人群里穿行，不是我们国内围桌开会的方式。”“用西方人的方式来传播杭州。”

这也正是其他城市推介的关键词“西化”；另一个关键词则是“文化”。他们强调：“越是文化的，越是国际的。”杭州把茶道和姑娘秀上了伦敦街头的出租车。

在谈到为什么采取“熊抱”方法在异国展示成都城市形象时，成都城市形象顾问、成都阿佩克思奥美品牌营销咨询公司董事长樊剑修说：“如果我们走刚猛路线，完全用钱去投广告，中国老百姓会有疑虑。而且我们要把伦敦打透，必须用巧劲。”

“熊抱”是从二十多个创意方案中遴选出来的，最终方案又修改了不下15个版本。原本有四川经典的“变脸”，但策划人员觉得这难以成为西方国家认知成都的元素；他们还曾想包下伦敦著名的“伦敦塔桥”做活动，但未与伦敦官方达成一致。但出人意料的是，“熊抱”这种方式居然会有如此好的效果。

第三节　活动载体与系统构建

一、“十个一”基础工程

构建丰富的活动载体，是城市形象宣传的重要手段和有效方式。

具体的做法一是系统打造城市形象“十个一”基础工程。二是充分利用宁波现有每年数百个会展、节庆，突出重点，并不断打造品牌节庆活动，来构建城市形象对外宣传的系统工程。宁波市外宣办拟定了一个打造”十个一”工程计划，可视为活动载体系统构建的基础。

根据宁波城市形象建设和传播发展阶段性要求，可通过几年时间的努力，系统提升培育和打造“十个一”。即：

（一）一句定位明晰的城市主题口号

进一步利用有效载体和传播渠道，加强“书藏古今，港通天下 —— 中国宁波”主题口号这一城市公共符号规范使用和宣传推广。

（二）一个醒目的城市形象标识

精心组织城市标识征集评选和发布推广工作，制定《公共城市符号规范使用手册》，推动社会各界使用城市标识符号。

（三）一个创意新颖的城市吉祥物

广泛征求社会各界意见建议，可与城市标识衍生开发。

（四）一个城市形象宣传专题网站

整合资源开办中英文的城市对外新闻文化交流网，搭建城市形象展示、新闻发布交流、海内外人士互动交流宣传平台。

（五）一组城市形象宣传片

以城市形象、城市旅游形象、城市商务形象为不同主题，拍摄适合不同目标受众宣传需要的专题片和广告片。

（六）一套城市形象宣传印刷品

设计制作年度城市形象画册、台历、明信片，以及城市形象的精品出版物，制作年度“城市旅游指南”、“投资指南”宣传册。

（七）一首城市歌曲

征集或邀请有影响力的音乐人，创作一首能够传得开的城市之歌，广泛传唱。

（八）一批宣传采访展示点

实施城市形象宣传“灯下亮”工程和“采访线”工程规范化建设，建立城市形象展示点和采访参观点名录，并实施动态管理。制定《城市窗口行业单位城市形象展示实施细则》和《城市宣传采访参观点接待手册》，指导相关单位有效开展城市形象展示宣传工作。

（九）一项对外新闻宣传特色活动

借助重大新闻事件和举办各类经贸文化活动时机，邀请中央、省级主流媒体，境外和国内涉外媒体，知名网络媒体等记者团来城市采风，通过集中报道，宣传城市形象。

（十）一系列宣传城市礼品

设计开发城市礼品，推广宣传特色城市文化，以城市口号、城市标识宣传推广为目的，开发各类外宣礼品，大力宣传城市形象识别符号。

二、借助节庆活动

节庆活动是宣传城市形象影响面最广、影响力最大的方式之一，国内外不少城市在这方面都留下了生动的经验。例如，2004 年世界城市竞争力排第四位的芬兰赫尔辛基，借助“灯光节”成为一个四季的城市；澳大利亚南岸的小渔村仙女港，仅仅 5 天的音乐节，每年带来的收益超过 600 万美元，濒临溃散的小渔村如今焕发出勃勃生机；法国南部的戛纳，一个地地道道的小城，全城居民仅有 7 万余人，然而它靠每年一次的“国际电影节”而蜚声世界；我国大连的“国际服装节”，成功举办了十余次，不仅使该市的国际知名度大幅提高，城市文化得到相应提升，而且带来了良好的经济效益；青岛的啤酒节，经过十几年的发展，从开始只是一个仅有 30 万市民参加的地方性节日，现在发展成每年吸引 200 多万海内外游客的盛会；还有海南的“椰子节”、哈尔滨的“冰雪节”、潍坊的“国际风筝节”、南宁的“民歌节”，青岛还举办了“国际海洋节”等，都成功提升了所在城市的国际知名度，为城市提供了广阔的发展空间。这些城市经验有明显的共同特点，一是节庆活动紧紧围绕城市品牌定位，二是借助国际公关，用文化节庆活动表现城市形象，推动城市形象传播。

宁波近年来围绕建设会展之都和服装之城、国际港城等，已经成功举办了一系列各类大型会议和展览，举办的各种节庆活动也不下数百个。但从城市对外宣传的角度来说，许多会展和节庆活动显得过于分散，它包括乡镇、县、市、区和市级的各种类型活动。而对提升宁波的国际知名度却难产生大的效果也很不到位。现在来说，在量的基础上，要进一步突出重点，紧紧围绕城市的品牌定位，借助国际公关的手段来打造几个大型节庆活动，如围绕“书藏古今，港通天下”的城市形象定位，“港”、“商”、“桥”“文”四大元素，重点打造好宁波海洋文化节、宁波国际服装节、浙洽会、消博会等大型节庆活动。同时，可进一步重新策划，将宁波全民读书月活动升格为“宁波书香文化节”，打造成传播宁波文化软实力，体现宁波 7000 年文化文脉传承的大型外宣活动。有了重点也就有了纲，纲举目张，对外宣传也就有了强大的载体支撑。

第四节　资源整合打造四大节庆

下面就整合资源，系统设计，重点打造四个大型节庆活动搞好对外宣传单列一节内容，提出构想。

一、创办海洋文化节

（一）可以采取县市联合、区域合作的办法，整合节庆资源，围绕城市形象定位，凭借“港通天下”的特点进行整合，将现有宁波（北仑）港口文化节整合为宁波市海洋文化节。虽是一字之差，但内涵更大。将北仑港海港文化节和象山开渔节以及北仑海享大舞台等均作为海洋文化节的重要子活动，全面打造宁波市海洋文化节的软硬件，设计出一系列的活动项目，作为一个未来国际性的节庆进行目标项目设计。从“建设”入手，首先设计一个重要的未来能形成品牌影响力的活动。如世界港口百强评选活动和中国海洋渔文化民俗演艺大赛等。将中国和世界有关海洋文化的内容作为一个节庆项目。

（二）打造一个专业传播媒体，可以借助宁波现有新闻业力量，整合资源，如创办一份以海洋文化和海洋产业（航运、物流）为主要内容的报纸或杂志。创办之初，以报纸或网站的形式出现，最终实现纸媒与新型媒体紧密结合，

▼象山开渔节

成为一份集杂志、报纸、手机报、网络甚至包括电视节目于一体的新型时尚大型综合媒体。结合实施“借船出海”策略（后有详论），让“港通天下”得到有力的舆论支持，让海、陆、空物流信息得到充分报道，让海洋文化得到充分展示，让宁波影响力传播海内外。

（三）在运作海洋文化节的运行机制上采取有分有合的办法。现有活动主办单位主体不变，对外宣传口径一致，同时广泛吸收民间力量参与以充分调动各方办节活动的积极性。这样，宁波的海洋文化节，就有可能成为国际性文化节庆，为对外树立宁波现代化国际港口大城市形象发挥重要作用。

二、让宁波国际服装节成为中国式市民“狂欢节”

宁波国际服装节，是一个最能体现宁波国际性城市特色的节庆活动。经过十余年的发展，宁波国际服装节已经形成了鲜明的特色。

▼T台上的服装秀

一是专业化程度高，从招商、招展到市场合作都非常专业，内容也很丰富。如2007年举办的第11届服装节中国服装论坛，2008年举办的中国夏季服装流行趋势发布会、服装设计师与企业家座谈会及“新甬服”系列推荐活动等。

二是引入主题周活动，易形成宣传亮点，如第9届服装节举办了中韩服饰文化周活动，开展了韩服展览和展演、中韩歌舞表演、韩国美食节等活动，收到了良好效果。第10届服装节中意文化周系列活动，又是一个亮点，宁波和意大利佛罗伦萨这两座服装名城的文化、经贸交流引起了海内外的广泛关注。“大卫青铜雕像落户宁波”，这是意大利佛罗伦萨市政厅第一次向国外赠送大卫雕像复制品。随着大卫青铜雕像的到来，意大利美食节、意大利服饰文化节、意大利喜剧等都成了服装节的一部分。第11届服装节的亮点是德国文化周系列活动，内容包括中德市长论坛、中德会展合作与发展论坛、德国品牌服饰展览、“德国人看宁波”和“宁波人看德国”摄影展等。服装节正成为宁波和其他国家城市进行交流的重要平台。

另外，由于有着较好的经济效益，会展业的直接营业收入、就业人数和品牌展会数进入了全国前十位行列。服装节办得已经较为成功。但有一点也许被忽视，作为节日民间的参与仍不够，互动性也不强，节日的氛围没有营造足，其形式更像一个展览活动而不像“节日”，市民欢乐的情绪不高，更没有达到全民狂欢的程度，大批的游客和百姓也没有蜂拥而至。所以除了客商之外，就显得冷清，这对传播宁波元素不利。而现在我们就是要想办法使它成为宁波对外城市宣传的更大平台，所以每一届的服装节，外宣部门要主动设计亮点，在现有的基础上进一步总结提炼，找出宣传效果更佳的方式，使其成为宁波在国际展示形象的一个重要窗口，又成为老百姓受惠的情绪高昂、欢乐有加的中国式市民“狂欢节”。

三、做大浙洽会（消博会）外宣文章

浙洽会（消博会）也是宁波城市形象对外宣传的一个很好的窗口。

由浙江省人民政府主办的浙江投资贸易洽谈会（简称“浙洽会”）和由中

▲第七届“浙洽会”、第四届“消博会”开幕式

国商务部、浙江省人民政府主办的中国国际日用消费品博览会(简称“消博会”)于每年6月8日至12日在宁波举行,都是浙江省综合性对外经济贸易交流活动。

至2012年已举办了十四届浙洽会、十一届消博会和五届中国开发论坛,成为真正的万商云集的商贸盛会。消博会是中国规模最大的日用消费品专业博览会,以2010年为例,消博会展览面积达9万平方米,展位4000个。设置家纺服装、家电电子、户外休闲用品、日用品及办公文件、食品土产、装饰礼品和境外服务贸易七大展区,汇集了国内外的名企、名品、新品参展,来自全国各地及欧美、日韩等77个国家与地区的10619名客商前来投资洽谈、采购、推介。2010年6月8日浙洽会投资洽谈重大项目签约25.8亿美元,而消博会通过采取了外项与内项互动的形式,吸引了许多国际组织和境外机构如联合国采购团、新加坡中国商会代表、美国商会代表团等参与。在经历了金融危机冲击、外贸形势严峻的情况下,这届“两会”却出现了“万商汇聚寻商机”的异常火爆局面，足以表明浙洽会（消博会）广阔的发展前景，其国际交流平台作用也越来越大，而作为宁波对外宣传的窗口，我们一定要更有效地利用好这一重要活动载体，做大外宣的文章，这就需要更系统地来探讨它的外宣作用潜力，发挥它对宁波城市形象的对外宣传功效。

四、打造宁波书香文化节

在现有的三大活动载体的基础上，再搭建一个平台，打造一个“宁波书香文化节”，给“书藏古今”的宁波文化对外宣传提供支撑。

“宁波书香文化节”的打造是有深厚现实基础的，即围绕“文化强市”城市形象品牌，将宁波藏书文化、阅读文化、全民读书月、书香宁波建设整合到一块，打造一个特别的节日——宁波书香文化节，让“书藏古今、书香宁波”，演绎成一个全民阅读的欢乐节日。对内有利于提升市民的精神素养，对外可展示宁波的传统文化。

具体实施办法：

▼宁波市第二届全民读书月启动仪式

▲少儿诵读活动

（一）以天一阁为主办单位和中心，开展藏书文化的系列活动；举办全国性和区域性藏书文化研讨会，邀请两岸专家学者共同研讨中华民族优秀的传统文化包括藏书文化。目前，天一阁已举办了多届“天一藏书文化节”，可以整合其资源，纳入市书香文化节统一运作。

（二）以宁波书城为主办中心，举行宁波市（华东地区）图书博览会，形成万民共览、书海畅游的集购书、阅读、交流和洽谈订货于一体的商贸文化盛会。

（三）以市教育局、东南商报等单位为主办中心，开展书香校园建设和全市中小学生读书挑战——阅读竞赛活动，通过大赛在全市中小学形成浓郁的读书氛围。

（四）由宁波市委宣传部统筹开展全民读书月活动，进一步打造“天一讲堂”、“名家讲坛”讲座等，捐赠“爱心书屋”、“职工书屋”、“农家书屋”等。

（五）以市图书馆为主办中心，开展“流动图书馆”、“全民阅读”活动，由市阅读学会牵头举办阅读理论研讨会，推动全民阅读进社区、进家庭常态化。

（六）市有关部门开展学习型组织创建表彰大会。“宁波书香文化节”可以征集节徽形式启动，设立组委会，每年在5月前后定期举行，使之成为全民阅读好书享受文化的欢乐节日。

（七）设立阅读市长奖，每年由分管市领导向在推广阅读活动中取得卓越成效的集体和个人颁发荣誉奖以推动全民阅读、终身学习和学习型社会的建设。澳大利亚悉尼市就设有一项推动全民阅读的特别奖——悉尼市长奖，每年定期奖励阅读先进典型人物，并由市长亲自颁奖，可予借鉴。

宁波有了海洋文化节、中国服装市民狂欢节、浙洽（消博）会、书香文化节这四大重点节庆，就基本涵盖了城市形象对国内外展示的宣传平台，宁波城市形象的对外宣传就有了更为系统和有内在联系的大型活动载体，可以在国内、国际两个维度上充分展示城市形象的魅力。海洋文化节放眼国际，突出国际传播；服装节和浙洽（消博）会是展示宁波经济建设硬实力、新形象；而书香文化节是内塑品质，提升市民素质和打造城市文化的好载体。坚持办下去，必定会取得巨大的社会效益，宁波的知名度会成倍地提升。

▼当地土著表演舞蹈庆祝澳大利亚悉尼歌剧院落成四十周年

五、世界"最佳节日活动之城"操作借鉴

世界上许多国家的城市利用节日来展示城市形象，促进城市发展的成功做法不乏先例，可资借鉴的经验亦不少。2010年下半年，国际节日和活动协会公布了2010年世界节日和活动城市奖名单，新西兰陶波、英国爱丁堡、荷兰鹿特丹和澳大利亚悉尼获世界"最佳节日活动之城"称号，并于2010年9月16日在美国圣路易斯年会上颁奖。组委会按人口分为少于10万，10万—50万，50万—100万和超过100万4个组别来评选，上述四城依次位居各组榜首。评委会授予的颁奖词和评价是：

陶波被誉为新西兰"节日活动首府"，以举办各类体育、艺术、音乐文化活动而著称，组织者审慎且人性化的管理让陶波的节庆活动有序而富有激情。

英国的爱丁堡是一个历史与创新的魅力城市，借助厚重的历史积淀和新颖的自然人文景观，爱丁堡举办的各种文化活动有12种之多。其精彩程度不言而喻。

欧洲第一大港鹿特丹的大型节日活动十分频繁，专业组织者和良好的交通设施让北海爵士音乐节、夏日狂欢节和海港节等活动繁而不乱，相映生辉。

悉尼是国际知名的现代大都市，遍布城市各处的剧院、画廊、公园和演艺场馆，充分体现了悉尼不息的活力，更使它获得全球认同的重要底蕴标志。

从国际节日活动组委会对以上城市的评价中可以看到这些城市的许多创新做法和特点。

如果宁波能够借鉴上述城市的做法，特别是与宁波地理特征有相似之处的荷兰鹿特丹的经验，缔造一支专业的节庆活动队伍，包括宣传营销队伍和经营操作队伍，从交通设施、城市布局和市民意识的系统构建中，为节庆活动服务，形成节庆文化并努力地介入国际评选活动。那么，宁波有朝一日也可能成为世界级的"最佳节日活动之城"，那将会大大提升宁波在世界城市中的知名度和影响力，比一般的泛泛宣传力度会大不知多少倍。而这一发展过程本身又将是宁波城市形象对外展示的极好机缘，可能为宁波国际港口城市的建设带来新的第三产业的广阔发展空间。

传播城市 >>>

第五章 城市形象对外宣传的营销战略谋划

天封塔

实施“港桥联动”的对外宣传战略。“港”就是宁波港，是建设现代化国际港城之“港”。“桥”是杭州湾跨海大桥，也是商贸之桥、经济之桥、对外开放之桥……

如何借鉴成功城市的做法，搞好战略性谋划和创意，以创造宁波外宣的重点和亮点，起到一石二鸟、一鸣惊人、一呼百应的效果。以往宁波本地的经验已经部分铺平了一条通往彼岸的可行之路。如宣传顺其自然、救助罗南英、助残好人刘佳芬爱心事件等，形成了爱心城市的品牌在全国引起反响；如杭州湾跨海大桥，获得数个世界第一，反映出宁波建设成就，起到一鸣惊人的效果。2009年市外宣办、东南商报等操作的宁波城市形象口号征集活动，收到海内外4万件应征作品，反响强烈，可谓一呼百应，应者如潮，起到了对外宣传四两拨千斤的作用。所以，宁波外宣必须选择着力的重点，推出精彩的亮点，寻求有效的卖点，打造吸引眼球的看点，点点相扣，环环相连，这是一种外宣工作的策略谋划，也是营销城市的宏观战略指导思想，必须进一步提升和总结出规律性的科学方法，从战略营销的高度，宏观布局，谋划长远，以推动下一步的城市形象外宣工作。

第一节　城市形象口号的传播

宁波城市形象口号“书藏古今，港通天下 —— 中国宁波”。这句口号用极其简练的八个字概括了宁波作为大港之城、商贸之城、文化之城的特色。有了这句口号，城市形象对外宣传便有了“纲”，有了“点”，有了富有内涵的形象语言标识。用好叫响这句口号，是外宣工作的一个重要抓手。

客观地说，宁波城市形象宣传工作起步较晚，但起点还是较高的。2009

年4月至9月，宁波市外宣办会同宁波日报报业集团东南商报等媒体，在征集海内外4万余条城市形象口号的基础上，成功筛选出全市上下和国内业界广泛认同的宁波城市形象主题口号“书藏古今，港通天下 —— 中国宁波”，对宁波城市形象进行了准确的定位性概括和解释。所以，有了这句作为理念识别系统的形象口号，宁波城市形象的理念形成就有了根，有了中心和主线，它为宁波对外宣传整体战略奠定了良好的基础。(本书单列章节详述此案例)

因此，宁波的对外宣传，总的原则可以从“两条主线”延伸开去，一条是体现经济硬实力的宣传“港通天下”，以经济建设、航运、临港产业、先进制造业、高端服务业为物质基础，建设国际化现代港口城市为主线的宣传进行形象塑造。另一条是体现文化软实力的宣传“书藏古今”，以城市文明、生态文明、精神文明、社会文明为精神理念基础的宣传进行形象塑造。由此不断丰富其内涵，延长其宣传链，塑造其形象，扩大其影响。

从营销城市宏观战略上来把握，当前和今后一段时间，可以继续从以下几方面实施，以此口号的丰富内涵为题，延伸制作能在央视海外频道播放的形象宣传片，甚至在世界著名城市如美国时报广场播放宁波城市形象宣传

片，让更多的海内外人记住宁波、了解宁波。出版以此口号为内容的图书（资料）作为大众宣传品广为传播。制作系列旅游商品，以此为标记，出现在各类酒店、旅行社、交通工具及纪念品、礼品和礼品袋上，让接触者对宁波留有印象。城市街区制作一定数量的广告包括电子广告等，让形象口号家喻户晓，人人皆知。

将城市主题口号与正在征集的即将产生的宁波城市形象标识与市树、市花等相配套，形成宁波城市形象系列标识文化，聚合民意，增强宁波信心和自豪感，向外界传递宁波美好的城市形象。

第二节　“港桥联动”对外宣传战略

将城市发展战略目标与市委市政府的实施举措融通，进行有效宣传。在深入宣传城市形象口号的基础上，实施“港桥联动”的对外宣传战略。“港”

▼杭州湾跨海大桥夜景

就是宁波港，建设现代化国际港城之“港”。“桥”是杭州湾跨海大桥，也是商贸之桥、经济之桥、对外开放之桥。2008年5月1日，当时世界最长的跨海大桥——杭州湾跨海大桥正式试运营通车，国家领导人前来祝贺视察，“天堑变通途”，从2003年开工起建，经过5年的施工建设，大桥终于向世人展示出它恢宏的气势和非凡的魅力。这成为2008年北京奥运会开幕之前的一个重大新闻事件，当时的宁波也成为世界瞩目的焦点。据后来统计，跨海大桥通车的前后半年时间内，电视、报纸、网络、电台、通讯社等各类海内外媒体，共刊发转载大桥稿件万余篇，图片6000多张，形成了宣传宁波和大桥的声势浩大的集束效应。而就在杭州湾跨海大桥即将通车的前夕，宁波港取得了历史性突破，2008年第一季度，宁波—舟山港完成货物吞吐量1.26亿吨，首次超过上海港，居全国各港口第一位，使宁波原有“东方大港”的美誉晋升为“东方第一大港”。故此，将城市发展战略目标与市委市政府的实施举措融通，进行有效宣传。即把市党代会提出的建设国际化现代港口城市，六大联动、“六个加快”战略，演绎为重点实施“港桥联动”的对外宣传战略。

市委过去提出的“港桥联动”，更多的是指经济、外贸和物流的联动，而从对外宣传宁波城市的角度，“港桥联动”则更具有前所未有的张力和内涵。从内容的宣传到包装形式，从媒体传播到人际社会传播，具有了非常开阔的视野和非常强劲的载体。无论打好哪一张牌，经过一番策划，都可以收到很好的宣传和传播效果。

其具体做法有很多种，以杭州湾跨海大桥形象展示宣传为例，设计一个初步方案，还是从“建设”入手，比如建大桥微缩景观园展示形象。现有跨海大桥观光平台已经建成开放，其观光平台已有部分宣传宁波城市形象的展品，现在我们除了在宣传品的制作上要有更为系统的考虑外，如增加大桥建设史的内容，集中更丰富的宁波城市形象宣传品并充分展示，供游客观赏和购买等。而“港桥联动”的宣传模式是要站在“大桥”和“大港”的高度来设计外宣框架，让其成为一个向世界展示宁波的窗口。在世人的眼中，宁波最具影响力的方面无疑两个：一个是东方大港宁波港，一个是现今世界第三长的跨海大桥——杭州湾跨海大桥。

一、可以在大桥附近（慈溪段）建设一个大桥博物馆，将世界各地的跨海大桥按比例建成“微缩景观”，包括舟山跨海大桥、象山跨海大桥等，并将杭州湾跨海大桥景观设计成小型有轨观光车运行模式，横跨各种微型大桥供游客观光。同时，大桥博物馆园内建设大港博物馆，将宁波港的各类运载模型布置馆内供游客参观，让游客在了解大桥的同时了解了“大港”（宁波港）。同时，设计一条“港桥”旅游线路产品，开通定点大巴，参观大桥之后，即参观北仑港（选择一个点），可与梅山岛规划建设中的海洋博物馆和新开发区融合，与梅山岛规划中的赛车、游艇项目等娱乐设施对接，让中外游客将来能够饶有兴趣自觉自愿地整体了解“大桥”、“大港”的丰富内容。也可以办成像世博会的专业展馆如航天馆、船舶馆等场所，吸引大批游客前来，与已经开建的上海迪士尼乐园遥相呼应，互为客源。让其既促进宁波市旅游业的快速发展，更成为对外宣传宁波城市形象的最佳载体之一。

同样，宁波港在打造“海港文化节”的同时，进行相互联动，将港口、物流、大桥连接长三角的物流效应一并给予宣传，展示“港桥联动”大桥时代的新形象，让世人看到世界级的运输大港与跨海大桥比翼双飞，共同支撑起腾飞中的宁波，向着现代化国际港口城市目标迈进的雄姿。

二、将各类已有外宣产品纳入“港桥联动”系统，包括宁波的“杭州湾新区日”，拟打造的“海洋文化节”以及“杭州湾跨海大桥旅游观光活动”等。并不断策划推出具有亮点和卖点的大型文化活动，让世界对未来宁波充满期待，使旅游观光者、投资商、经营者纷至沓来，携手共赢。总之，让港和桥进行捆绑式营销，并通过“大事件”营销的方式进行“热炒”，使其（杭州湾跨海大桥和宁波港）也成为像美国旧金山大桥和上海东方明珠一样著名的城市地标性形象品牌。

发挥国务院确立的长三角南翼经济中心这个城市定位，创造浙江城市经济发展龙头地位，通过多城联动、内陆港建设、大物流营销网络等渗透宣传元素。

有资料显示：海关总署在《中国海关》杂志曾公布《2008—2009：中国城市外贸竞争力白皮书》，宁波位居全国外贸综合竞争力第5位，成为中国外贸旗舰新的领航标。同时，宁波是国内少数几个（共 5 个）同时跻身外贸综合竞争力和效益竞争力“双十佳”行列的城市。浙江省全省近半数出口产品选择从宁波港出海，口岸外贸额居全国第七。宁波口岸集聚了一批以浙江物产为代表的外贸大户，推动口岸贸易额快速增长。同时，还有一大批外地的货源通过宁波口岸进出口，它们主要来自江西、安徽、湖南、湖北、四川、重庆等内陆地区。

上海社会科学院城市化发展研究中心在 2009 年年底公布的《2009 年度长三角区域 25 个城市综合竞争力评价》中，提及宁波在长三角区域 25 个城市中排名第 4 位（比 2008 年上升 2 位）。2009 年 3 月，国务院印发《物流业调整和振兴计划》将宁波确立为全国性物流节点城市和长三角物流区域三大中心之一。正是有了这许多优势，宁波在浙江乃至长三角南翼的经济中心地位，特别是外贸进出口的龙头地位日益巩固。这为进一步带动周边地

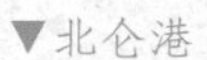
▼北仑港

区甚至全国许多内陆地区经济发展和进出口贸易创造了厚实基础。宁波采取走出去和内联的政策，已经同许多内地城市建立了无水港进出口贸易关系，而在这些互相联系的经济活动中，不断加强推销宁波城市品牌影响力，将会给经济发展带来新的强劲动力，起到良好的引导作用，也会是一个双赢的结果。

如在一个内地城市的物流经济交往中，在内联城市（所有建立无水港的城市）建立定期宣传活动机制。目前，宁波市在南昌、重庆等内陆城市均有战略性合作经济项目，南昌不但有物流（无水港）等交流，宁波的大型民企奥克斯和金田集团在江西也有项目（大的生产基地）。另外，宁波已在本省金华、义乌及泛长三角周边多个地区如江西的上饶、鹰潭等地设有无水港。因为有无水港，在这些地区或城市，就可以名正言顺地借当地媒体去宣传宁波的投资环境和通关政策，也可不定期开展文化宣传活动。如通过文化演出将宁波的优秀剧目介绍给当地观众，媒体开辟风土人情的专版进行文化传播。同时双向互动，每年在宁波举办大型节庆活动时采取轮流的办法，邀请无水港城市的媒体、记者，甚至当地政府官员和市民代表来观光参会，加深对宁波城市的了解，让其成为宁波城市的义务宣传员和投资环境推广员。

又如雅戈尔集团在全国百余家城市有销售网点，许多门店都地处城市中心街区，有很强的品牌影响力。宁波市外宣部门可以通过企业的大物流或大营销网点，以协作代传的办法，让其附带传播宁波文化，如制作宁波宣传单或小画册、外宣小礼品，定期出版介绍宁波的刊物，免费提供给在全国各地的企业门店，让其在销售产品中赠送给客户。这样一来，直接的人际传播会让更多的人对宁波加深印象，宁波影响力当然会渗透到各地各个层面。

2009年，宁波分别在日本、德国及国内南昌、重庆等地举办“宁波周活动”，为企业开拓市场、招商引资、投资创业提供服务平台。“宁波周”系列活动及“甬港经济合作论坛”等活动，使宁波与国内外城市扩大了经贸合作业务，拓展了对外开放的广度和深度。而这些活动，同样可以作为宁波对外宣传的巨大平台和良好阵地。每次活动，外宣部门都应该事先策划渗透宁波城市形象的宣传元素，使文化搭台、经贸唱戏相得益彰，互现精彩，让宁波名

▲ 2008 年甬港教育合作论坛

片广为散发，四处飘香。

第三节 城市形象内外联动、谋篇布局、整合营销

谋篇布局，整合资源，实行（全球）内外联动宣传营销，向世界推销宁波。

宁波对外宣传的文化元素十分丰富，特别是许多非物质文化遗产，完全可以远渡重洋，远走他乡，为国际社会不同种族不同人群所接受。首先是做好非物质文化延伸产品的打造，充分利用宁波对外国际文化周的平台，如德国周、日本周等做好文化物质产品的整合，包装推出。现在这方面已有不少成果，如亚洲最大的私人藏书阁天一阁，以此为故事蓝本创作电视剧——《天一生水》，十里红妆作为浙东婚嫁文化的代表，已被宁波歌舞团编成歌舞剧演出，取得成功。但要让它成为宁波走出去向国外宣传的一张名片，还有待进一步的提炼。古越青瓷也有大型越剧《烟雨青瓷》延伸产品出现。奉化布龙、宁海耍牙等由于其有较好的观赏性，正在走出宁波，走向全国，甚至可以随着国际文化周走向世界，为外国朋友所了解。河姆渡七千年的辉煌，目前还缺乏重磅产品给予宣扬，而这代表着宁波甚至是中华民族南方之根的宝贵文化遗产，正是让世界了解宁波、亲近宁波的巨大文化资源。当然，可以通过更多的形式：如制作音乐、图书、画册和旅游产品等宣传演绎，也可以拍摄电影、电视剧、动漫产品等使其走向外界。所有这些宁波代表性的非物质文化元素，都还大有做外宣文章的潜力，通过进一步整合，必将成为外地、外国了解宁波的亮丽窗口。

同时，应该进一步发挥城市展览馆、宁波博物馆以及全市大大小小的各种博物馆，包括宁波帮博物馆、十里红妆博物馆、保国寺博物馆、南宋石刻博物馆等馆藏文化元素，打造宁波独具特色的博物馆文化，与国际接轨，让其成为宁波文化的重要组成部分，深入人心，并通过整体整合，成立统一的管

▼宁波博物馆

▲宁海十里红妆婚俗

理机构，构建统一的馆藏文物核心文化体系，与国际大型文化机构建立稳固的交流关系与联系，通过文化的互访、互展、互传来实现其馆藏文物宣传价值，而在“三互”中达到宣传宁波、介绍宁波的作用。如南宋石刻与意大利大卫雕像互换起到了宣传推介宁波的良好作用。但这仅是一个案例，单枪匹马的创意，而现在需要的是从整体上着手，其效果将会成倍地放大。

三是在此基础上设计出能吸引外国友人青睐宁波的大型活动，每年都能把一些外国人，外国媒体，包括在中国投资、生活特别是在长三角地区的世界 500 强大公司的许多外国人士吸引到宁波来，直观感受宁波的市容风貌、城市发展和风土人情，真切地了解宁波改革开放后发生的巨大变化以及正昂首走向现代化港口城市的雄姿阔步，让他们成为宁波城市形象的义务宣传员和推销员。

具体操作办法，举办一个特别节日，“宁波国际体验日”。

一、“国际体验日”设计

2006 年第 10 届宁波国际服装节期间，宁波与意大利佛罗伦萨市互换了大卫雕像和南宋武士雕像复制品，成为连接两市友好往来的纽带，也是一次成功的城市营销案例，可以此为范本，每年以大事件营销为由头，策划设计一次以吸引外国主流媒体、外国友好人士来宁波、感受宁波、了解宁波的“国际体验日”活动。在体验日期间，每年设计一个体验主题，如邀请在宁波的外国人士（工程师、商人、教师、留学生等），观看《十里红妆》或越剧甬剧晚会；参观考察宁波的自然风光、生态建设成果、智慧城市建设最前沿的新成果。开展环境体验活动，以长三角为半径邀请全球500强的大公司驻甬办事处机构、外交领事馆人员、驻中国世界主流媒体记者，在体验日期间参观宁波，开展采访采风活动等。同时可充分利用宁波诺丁汉大学等外教资源，策划国际体验日对外国人具有吸引力的活动亮点，如在国际体验日期间，开展由外国人参与的中国民俗活动等。在开展活动之前，还可以先通过新闻媒体，开展“外国人眼中的宁波”征文大赛、“在甬外籍人士看宁波”摄影大赛等多种文化活动，激发外国人对宁波这座城市的关注和热情、向往和期待。

二、城市味觉识别系统构建

内外整合，全盘运作中还需进一步加强一些基础建设，前面已论述宁波

▼宁波大剧院前的大卫雕像

城市形象建设要导入城市CIS及构建理念识别、行为识别、视觉识别、听觉识别、环境识别。在此基础上，与国际体验日设置相配套（把城市之家打扮得更温馨一些）。当务之急还可建立宁波的“城市味觉识别”，做些花钱不多，又可立竿见影的事。城市识别构建前面已有论述，理念识别、视觉识别等都在建设之中，而城市味觉识别虽不属于城市CIS系统，但也是可以纳入其环境识别的系统，如果发挥好其作用，城市形象必会锦上添花。

何为“味觉识别”，下面先从日常生活说开去。过去家里请客，大都在家里做菜，客未进门，老远就闻到一股浓郁的菜香味，于是胃口大开。主人的热情也在菜香飘荡中传递给了客人。要办好“国际体验日”，打个比方，也就是城市之家请客，如果能先让客人闻香而来，效果自不待言。许多城市都有自己的城市视觉识别系统。如前述纽约的城市天际线、道路识别等等，而城市味觉识别的建立，将会像主人炒菜一样传递城市的“香味”。如果说宁波南部商务区、东部新城的崛起打造出了宁波新的城市天际线，三江六岸的美景构建了宁波的城市景观识别体系，那么再增加一项城市味觉识别将会使宁波城市形象得到更直接的感官提升。

为了明确地对宁波“城市味觉识别系统”构建进行阐述，可先从农民起义领袖黄巢说起。黄巢曾写了一首很霸气的吟菊诗：“待到秋来九月八，我花开后百花杀。冲天香阵透长安，满城尽带黄金甲。”这首诗曾是黄巢称霸天下雄心的体现，也映射出一城金菊对京城皇都氛围营造的美好意象。我们到一座城市，首先映入眼帘的是那里的建筑，而花香的气息则能增添人们对这座城市的美好感觉、喜悦心情。

杭州和成都曾被评为中国城市的“休闲之都”，在揭晓之后，两座城市上演了一出“双城记”，让两市市民到对方的城市做一次互访和体验，诸多的交流活动不说，仅说一个“味道”。成都市民踏进杭州则闻到满鼻的“桂花味”，杭州市民在成都则闻到“麻辣味”，都有很浓的香味，这是城市最直接的“味觉”，很有味道。时下城市形象的塑造有精神层面的宣传如形象口号，有视觉识别的定位如标志性建筑，有的城市还设计了城市形象的识别符号、城市形象标识等。但直观的味觉也会有很强的宣传效果，如杭州人很自豪有“三秋桂子”的香味，成都和重庆到处都是麻辣火锅味也很诱惑人。另外，成都市花为槐花，槐花香味很浓，也是成都城市的味觉特征。宁波虽然都有市树和市花，但市花茶花浓艳好看，却没有扑鼻的香味，市树樟树香味不明显、不集中。现在宁波许多地方种了栀子花，这种花香味浓郁、高雅，可以设想，如果通过园林部门让大家种植更多的栀子花，在一段时间内满城尽飘花香，也可以作为宁波城市形象的味觉特征。让人们在一个季节中一进宁波就闻到高雅清新的栀子花香，留下深刻的印象，进而解读栀子花很有“味道”。栀子花的形象也很符合宁波人的特征，富而不露，香气隽永。

所以，如果宁波能以清新、高雅、香气隽永的栀子花香作为城市的味觉识别，将会给“客人们”带来十分美好的印象和感觉。

三、“市民体验日”活动配套

城市发展和建设的根本目的是为了让市民生活更美好。因此，市民既是城市生活的建设者，更是对外宣传宁波的传播者，要让世界了解宁波，首先，要让市民了解宁波，热爱自己生活的城市，发自内心地对外传播宁波的城市形象。在整体对外宣传营销宁波城市形象的系统工程中，举办市民体验日的活动是开展和举办好“国际体验日”的基础，通过体验性活动，让市民对宁波城市有深刻的了解，成为宁波城市形象的促销员。目前，市级媒体与部门合作开展过多项市民体验活动，如媒体组织的“环保·故乡·山江海”新闻采风系列活动，组织市民探访宁波的生态建设，在世界水日组织市民探访水源保护地，让市民对城市美好生活有更丰富的感性印象。又如，2010 年 9 月份启动的“2010 宁波旅游节”千名市民探访星级酒店活动，让普通市民走进五星级宾馆体验高端服务；2012 年组织千名市民探访十大农家乐旅游基地等，反应良好。由此，市政府部门可以此为起点将这种体验上升到更高层面，由市里组织各种民意代表，体验城市生活和社会发展的最新成果，使他们成为对外宣传和传播的志愿者。并确定每年的一个固定时日，如选一个周日为“宁波市民体验日”，定期开展市民体验活动，并在这一段时间开展各种宣传宁波城市的展览、游览和推介活动，形成节日式的全民感受宁波发

▲放飞龙筝

展体验。这样，市民的幸福感指数会得到进一步提升，整体的宁波城市形象对外宣传也会打下坚实的群众基础，必将收到事半功倍的效果。

四、城市色彩规划编程管理

在城市视觉识别系统构建中把能“先做”和“快做”的事先做起来。城市色彩的管理和各层次的建筑色彩专项规划和配套管理就是其中之一。从目前的情况来看，由于缺乏统一的建筑色彩规范和监督管理，致使宁波各类建筑外墙涂塑色彩、街道主色调、区域色调等存在较大的随意性。一些单位不考虑城市色调的协调性，或者过分追求色彩的商业化运用和色彩话语霸权，对城市形象塑造带来了消极影响。目前，应结合城市发展和扩容，根据实际情况选择城市标志性空间、都市门户区域作为重点，积极推进色彩的规划和管理工作，并逐步总结经验稳步推广。

（一）城市色彩规划的现实意义

所谓城市色彩，是指城市公共空间中所有裸露物体外部被感知的色彩总和。而城市色彩规划，就是以城市的建筑、公共设施、景观小品等组成部分为载体，根据城市的发展理念、历史人文以及自然环境的视觉需求，加上现代元素进行可持续的色彩规划与设计，使城市的形象和文化进一步统一、延伸、和谐，最终提升城市形象。

城市色彩是城市人居环境质量的重要组成部分，也是城市历史文化的重要载体。宁波市有关组织曾做过专门调研，并向市里提交过调研报告，认为开展城市色彩规划对提高宁波市城市品位、城市形象和人居环境质量都有重要的现实意义。

1. 有助于承载并展现宁波城市历史文化，增强城市文化软实力。城市色彩包含的不仅仅是丰富的视觉美学信息，还承载着重要的历史和文化信息。良好的色彩规划和设计可以在体现城市环境的人文品质和区域文化特色上发挥重要作用。宁波市要打响国家历史文化名城的城市品牌，若能在城市色彩的使用上和城市历史、特色相呼应，和城市文化融为一体，就能最直观地向外界传达城市的文化和精神，展现市民的价值取向和生活方式，并能有效地贮存、传承、创造城市地域文化，提升城市文化软实力。

2. 有助于宁波城市形象差别个性化，提升城市竞争力。城市色彩最直接地体现着城市的个性。目前，国内很多城市开始重视色彩在城市规划中的应用，对“书藏古今，港通天下”、历史名城与现代化国际港口城市形象交融的宁波而言，科学的城市色彩规划设计，有利于形成令人印象深刻的“城市名片”，使宁波城市环境状况、城市功能与形象快速准确地被人们所认知，为城市注入更强大的竞争力，促进宁波旅游业、对外贸易的发展以及地域文化的对外输出。

3. 有助于矫正城市建筑无序状态，建设美丽宁波。和不少城市一样，宁波在高速发展和扩容过程中，由于缺少规划的前瞻性以及对建筑色彩、体量、风格等因素的管控，出现了一定程度的色彩躁动，不少市民对五颜六色的户外广告和刺眼的玻璃幕墙提出了批评；许多超大体量、风格各异的楼座并肩而立，给城市整体风貌造成了缺憾。在完全改变这种现状之前，色彩规划不失为矫正城市建筑无序状态的重要手段。以“色彩标准”的确立为起点，以“色彩标准”为管理工具，对杜绝“城市噪色”现象，使某些杂乱无章的建筑尽量在色彩方面获得某种协调，修补因城市规划失控而破坏的城市风貌，营造美丽和谐的城市整体景观环境，都具有积极意义。

（二）双管齐下编制建立城市色彩规划体系

为此，当前应抓紧时间，积极将有关工作开展起来。

1. 组织开展城市色彩前期研究，高质量编制城市色彩规划。城市色彩规划设计必须建立在科学的基础上，使城市色彩与城市文化、地理、城市功能定位等相吻合。应尽快设立有关宁波城市色彩规划的课题，组织相关领域专家学者开展前期研究，重点做好构筑现代化国际港口城市与我市色彩规划的理论研究，以及城市色彩规划视角下的我市自然环境、历史文化研究。从现代都市色彩的角度，对宁波市的自然地理环境、气候特点、城市发展的功能定位、历史文化背景以及市民色彩意愿等进行分析，并与国内外同类城市进行比较，提炼宁波的自然环境与历史文化特征中固有的城市遗传基因，挖掘其传承的、独有的色彩审美意识，建立起宁波城市色彩的形象。同时依据外地旅游者和本地居民对宁波城市的“印象点和印象区”构成，合理划分色彩分区，高质量编制“宁波城市色彩规划导则”、“分区规划”、“专项色彩设计导则”以及“控制性详规”等城市色彩规划编制体系，实现对城市各区域、各层面色彩使用的引导和约束。

2. 逐步建立和完善城市色彩规划管理体系。切实有效的政府干预机制制度是色彩规划控制得以实施的必要保障，建议将城市色彩规划纳入现有城市规划体系中，明确色彩设计应当成为城市规划和建筑设计的一道必经程序，保障其法律地位和实施途径。科学制定色彩管理配套机制，初期可采用分级管理的办法，对重要色彩项目由专业机构或单位审查，一般色彩项目可由现有建设项目的主管部门根据相关规定直接进行审核审批，并加强色彩管理的节点控制。在方案报批、项目施工、规划核实等环节进行色彩监察，发现问题及时纠正；远期可在积累一定色彩管理的经验后，逐步成立一个负责包括建筑色彩在内的城市景观形象专业管理机构，并将其纳入到宁波城市 CIS 建设大系统中，进一步提升城市的形象品质。让更多外地朋友及境外人士进入宁波后，能感觉到宁波有品位有特色的城市美丽形象。

五、打造地铁城市形象流动风景线

城市轨道交通，俗称地铁，是现代城市文明发展的产物，以其高效、便捷、经济、环保的优势在世界城市发展中起着无法取代的作用。建设城市轨道交通，也是港城宁波发展的必然。

按照预期，2014 年宁波轨道交通 1 号线一期工程将建成投入运营，届时宁波这座千年古城将真正开启地铁时代，宁波人乘坐地铁出门的梦想将成为现实。从 2009 年 6 月 26 日，1 号线一期工程世纪大道站点正式开工建设，随着基坑开挖、第一台盾构机开始掘进、主体结构封顶等工作相继完成，继而联络通道、附属结构等工程开始施工。不到四年时间，宁波轨道交通网络的大交通格局已经清晰呈现。在宁波市中心的地层下，“十”字形的轨道交通开始逐步成形。漆黑一片的地下世界里，正经历着翻天覆地的变化，建设者们用汗水，正在悄然褪去宁波轨道交通神秘的面纱。今天，我们已经站在了宁波地铁车站的门口。

建设宁波轨道交通工程，是宁波人继“大港梦”、“大桥梦”之后的又一梦想。

2008 年 8 月，宁波市轨道交通近期建设规划获得国家批准，宁波成为全国第二批申报城市中首个获批建设轨道交通的城市，也是全国第 16 个开工

◀ 轨道交通样板站图一

◀ 轨道交通样板站图二

建设的城市。

目前，宁波轨道交通第二轮建设规划已报国务院待批，按照建设规划年限(2013—2020年)，将相继建设轨道交通3号线(分两期建设)、2号线二期、4号线、5号线一期工程，总规模约106公里，总投资约667亿元，至2020年，宁波将基本建成城市轨道交通网络。

城市轨道交通作为新的交通运输方式以其不可比拟的优势快速发展起来，其最明显的作用是能够大大缓解城市交通压力，极大方便市民出行。

此外，城市轨道交通还有活跃城市经济、拉动城市发展、提高城市形象的功能。

城市居民希望外出工作、购物、观光、娱乐有一个宽舒的交通条件，特别是在下班以后，外出活动不用担心回程的交通。城市轨道交通恰好能够满足广大市民的交通要求，并为市民提供了足够的活动时间。其效果是促进了市民的消费，活跃了市场。

一条城市轨道交通线路通车后，沿线原来不发达的地区，会由于交通的方便而逐步发展起来，包括接驳交通居住区建设、各种物业及围绕居住区而产生的各类服务业。随着土地的升值，房产会涨价，各种商业活动会逐渐活跃；随着大商家的投资建设，会发展成为地区的商业中心。

发达的城市轨道交通网络是现代化城市不可缺少的一个标志，也是城市形象基础建设的重要部分。修建城市轨道交通需要城市在经济发展的基础上筹措可观的资金并有相应的客流，而两者均需城市的经济实力作后盾。实际上轨道交通真正能够以它的功能支撑一个现代化城市顺畅的交通系统，还必须按需要形成城市轨道交通网络。而衡量一个城市是否现代化取决于其城市轨道交通网络在行车保障系统、客运服务系统和运营指挥系统的配备和管理方面是否有较高的技术含量，能否跟上世界技术发展的水平，所以，不管在软件和硬件上，城市轨道交通都反映了城市的发展水平，在提高城市形象方面在国际国内都有很大影响。

因此，从现在开始，就必须把宁波城市形象品牌宣传纳入地铁建设之中，从宁波城市形象整体、长远设计着眼，早规划、早设计、早安排、早布局。让地铁在建成之后，既发挥城市交通运输作用，又发挥城市形象宣传和展示功能，与宁波航空、公交、城市交通网络大格局相配套，使其成为宁波城市形象宣传的良好载体和孵化器，成为宁波新的美誉度高的城市形象流动景观线。

第四节　统筹规划与城市品牌管理

制定了宁波城市形象宣传的整体战略，明确了方法和路径、策略和举措及行之有效的谋篇布局之后，建立和健全统筹协调的领导机制和工作管理机制，形成全市各级党委、政府部门、企事业单位、社会组织及民间力量等各类宣传主体的工作大合力，科学化统筹推进城市形象宣传就显得尤为重要和必需。

一、统筹规划

以城市理念识别系统、行为识别系统、视觉识别系统、品牌识别系统构建为抓手，深入推进城市形象培育提升工作。

二、统筹资源

围绕城市形象的定位、人文、旅游、商务等主题内容，系统掌握全市各类形象资源、符号、元素的分布、发展情况，制订品牌资源开发方案。依托“十个一”城市形象宣传基础工程，对各类品牌资源进行系统包装和开发，整合建立宁波城市形象资源库，并实施动态管理，不断强化品牌资源整合的聚合效应。

三、统筹力量

要充分认识城市形象对外宣传的重大意义，从领导机制上升格，设有市委市政府层面的领导具体分管城市形象塑造工作。市委外宣领导小组统筹协调全市各地各部门城市形象宣传的力量和资源。成立专门机构协调城市形象的规划建设、宣传推广、评价控制工作。同时，发挥县（市）区对城市形象宣传的补充作用，激发国际国内友好媒体、驻甬新闻机构正面宣传宁波的积极性和创造性；加强“宁波市对外文化交流协会”实体功能，吸引社会各界和民间力量参与城市形象宣传，创造人人都是城市形象，处处都是城市形象，时时宣传城市形象的良好局面。

四、创新机制

（一）建立城市形象监测评估机制

由专门机构定期深入研究分析城市的品牌化环境及相关的城市品牌定位、战略体系执行情况和效果。定期组织高校、研究机构和社会公众，对城市形象工作提出意见和建议。建立科学公允的城市形象测评体系、预警体系和评估体系。

（二）建立城市形象危机应对管理机制

针对城市形象危机事件，启动预案主动应对危机，开展策略性品牌危机公关活动，化解舆情危机。强化城市形象风险意识，建立风险应对预案，进行有效的城市形象管理。

（三）建立重大项目策划评审运营机制

建立城市形象宣传重大项目评审联席会议机制，定期不定期召开会议，研究确定投入重大城市形象宣传资金项目的实施方案，明确具体项目责任主体，资金投入形式和项目绩效评价考核办法，通过市场机制吸引专业机构运营操作，实现重大项目宣传的效益最大化。

（四）建立城市形象宣传人才保障机制

培养和打造一支高水平的专业人才队伍。重点引进国际宣传、品牌营销和外语翻译人才，针对现有外宣人才制订个性化培养方案，完善外宣干部选拔、培养和考核机制。建立城市形象顾问机构，邀请国内外的专家、行业精英，定期开展业务培训和务虚论坛。通过"请进来""走出去"，聘请顾问、定期研讨和委托专项课题等方式，加大对从事城市形象营销和外宣工作的骨干人才的系统业务培训。

（五）健全城市形象宣传投入保障机制

以城市形象宣传财政专项资金为主体，统筹相关部门和县（市）区涉外财政专项宣传经费，吸引有关社会企事业单位投入，共同建立城市形象宣传基金。集中全市城市形象宣传资金资源。保障年度重点城市形象宣传项目高效实施和日常城市形象宣传活动有效开展。

（六）健全城市形象宣传考核激励机制

制定《城市形象宣传考核奖励实施办法》，依据海内外主流媒体宣传宁波的新闻稿件、专题广告等数量和质量，对各县（市）区、功能开发区、市级重点外宣部门和相关媒体的城市形象宣传绩效进行考核奖励。组织年度外宣品评比和对外文化宣传创新案例评选活动，对各级各部门以及社会组织、企事业单位、个人进行精神和物质激励。

总之，采取多项举措，统筹安排，尽快建立起一套适应宁波城市形象对外宣传整体战略管理的体制、机制。

第六章 城市形象对外宣传七“借”策略

梅山岛建筑规划效果图

经济活动投入产出比是经贸人士在谋划经济发展中首先要考虑的因素之一。对外宣传也有投入产出的效益回报问题，如何以较少的投入获得较好的，甚至很好的城市形象对外宣传效益，七“借”策略，不失为好的途径。

经济活动投入产出比是经贸人士在谋划经济发展中首先要考虑的因素之一。同样，对外宣传也有投入产出的效益回报问题。以较少的投入产出较大的收益是每个人都期待的事。如何以较少的投入获得较好的甚至很好的城市形象对外宣传效益，本章从营销城市的策略上，结合宁波的实际提出一个系统的解决方案和思路。

前面我们已经就城市形象对外宣传的宏观战略作了谋划，而在城市形象对外宣传的过程中还有许多战术可以实施，其中，以少许的投入就能收到较多、较好效果的对外宣传营销策略，不失为好的途径。以下提出七大“借”字策略，即“借船出海策略、借花献佛策略、借势扬名策略、借机行事策略、借鸡下蛋策略、借腹生子策略、借米下锅策略（借脑生智）”，可以作为宁波对外宣传的主要对策和手段。

宁波港已跻身全球50强，港口班轮（集装箱）运输遍布全球，创办一个针对港口船员生活的《海港》杂志或网站，用联合国通用的五种文字印刷，每艘到达宁波的轮船均赠阅，通过船员传播到世界各地，展示宁波形象，并在国内发行，办成精品外宣产品，将会起到影响很大的外宣效果，谓之“借船出海策略”。

舟山的普陀山是观音道场，中外有名的佛教圣地，朝拜者如云，而奉化雪窦寺素有布袋和尚道场之称，拥有众多信徒，在东南亚一带信徒中具有吸引力和一定的影响力，借这些佛的影响力特别是大型佛事，搞好宁波城市形象的对外宣传，谓之“借花献佛策略”。

在历史上徽商、晋商、浙商、闽商均为名商，而在改革开放的今天，其他商帮已渐式微，浙商却日益称雄，甬商是浙商中的精华之一，应借浙商在国内外雄起之势，不断扬甬商之名，扬宁波“商帮之都”之名，谓之“借势扬名策略”。

对外宣传要善于“借机行事”，如国际金融危机，对于全球经济发展是个坏事，但对于善于经营者也许是个机遇，关键是如何“化危为机”。宁波市将外销战略转为内外销并驱战略，并加大与内陆城市的合作，如与金华、衢州、南昌、上饶等地市建立营销合作关系，就有可能转“危”为“机”。对外宣传应抓住这个“机会”和“机遇”，对这些城市做好宁波形象的宣传，适度炒作，不但可以直接提升宁波城市的知名度，也可促进城市经济发展，变坏事为好事。又如上海世博会的举行，可借机大做宁波文章，宣传宁波，谓之“借机行事策略”。

在迅速崛起的宁波经济中，境外营销大鳄登陆宁波日益频现，以鄞州为例，随着鄞州南部商务区的崛起，世界500强企业有不少将在商务区中占有一席之地，许多大企业总部也设在商务区，近年来宁波五星级酒店遍地开花，也集聚着如鲫外商，把对外宣传之手伸向他们，与他们亲密握手，外商、外国人、外地商贾都是活广告、活口碑，通过他们宣传宁波以一当十，借鸡下蛋，让宁波扬名海内外，谓之“借鸡下蛋策略”。

邀请中外名人或直接让他们创作宁波形象的书籍、影像作品，亦可发挥海外宁波名人作用如聘为形象使者，宣传宁波，谓之“借腹生子策略”。

引进高级城市营销宣传人才，培养与发挥现有城市营销宣传人才作用，形成一个强有力的智库。利用专家的智慧，不断创造外宣工作亮点。谓之“借米下锅策略（借脑生智）”。以上即为”七借”策略。以下分节论述。

第一节　借船出海策略

宁波城市形象口号确定为“书藏古今，港通天下”，港是宁波最大的城市特色和地理优势、人文优势、产业优势。未来的宁波，朝着现代国际化港口城市发展，建立宁波 — 舟山港一体化国际西太平洋枢纽大港愿景十分美好。

▲宁波号集装箱巨轮

自唐代以来，宁波（明州）就一直是海上丝绸之路的重要起点之一，宁波的海上航路与海上贸易，一直在世界上尤其是东亚地区占有重要的历史地位，宁波港尤其是北仑港具有相当优越的地理环境，是我国长三角地区唯一拥有大陆深水区的港址。港域不淤不冻，25 万吨级重载巨轮可全天候通行，舟山群岛为其天然屏障，锚泊和避风条件十分优越，是国内少有的天然深水良港。

长期以来，太平洋西岸地区经济发展迅速，经济的快速发展，使东亚各国的集装箱生成量和吞吐量高于世界水平 2.4 和 2.6 个百分点，是国际集装箱运输最繁忙的地区之一。现在，宁波港运转航线总数 2009 年已达到 216 条，世界排名前 20 位的班轮公司均已落户宁波港。集装箱最高月航线数超过 800 班。通航世界 100 余个国家和地区的 600 余个港口。其中国际远洋干线 100 条，基本实现了“航线全球通”。2006 年 3 月国际港航界权威杂志 —— 英国《集装箱国际》为纪念世界集装箱航运 50 周年，表彰为世界集装箱运输作出贡献的港口码头、船运货代、物流企业等，宁波港口成功入围“世界五佳港口”。

但是，由于上海的城市规模、知名度、影响力等有形无形资产的威力巨大，以洋山港为标志的上海国际航运中心的建成，不可避免地会对宁波港造成巨大而长期的挑战，因此，从现在起，必须谋划一个有利于宁波港发展竞争的长远战略，其中就包括一个系统对外宣传战略。从硬件上来看，宁波港仍有可能依靠自然环境、运输成本、投资效益、作业天数等优势与上海展开竞争；从软件上来看，振奋精神，理清思路，扩大宣传，不断传播和扩散宁波港的影响力，就完全可以在世界范围内，扩大自身影响的基础上，牢固树立自身的西太平洋枢纽港的地位。那么，如何打造外宣软件呢？外宣的“借船出海”对策是：

创办一个针对船员生活的《港口》杂志或对外宣传的网站，杂志用联合国通用的五种文字印刷，第一步是给每艘到达宁波港口的轮船赠阅，通过班轮和轮船船员传播到世界各地，展示宁波形象，同时也在国内发行，办成精品外宣产品，必将会起到影响很大的外宣效果。

办刊宗旨：以宣传“书藏古今，港通天下”的宁波文化和服务国际船员生活为办刊宗旨，以宣传宁波的自然风光、民俗民风、百姓生活为主要内容，尽量淡化政治意识形态，以航海旅行航海生活知识和海洋经济相关新闻配合，早期突出趣味性和服务性，扩大发行量。中期发展到一定时候增强其宁波港枢纽地位和宁波市国际港口城市的宣传力度，使其成为国际航运界权威性的信息文本之一。

实施办法：由市外宣办直接统筹，可邀宁波日报报业集团或其他大型文化传媒单位与宁波港集团联合主办。可以改造现有的一份杂志，如港务局已有一本内部刊物，但似不具外宣的功能；也可以新办一份，可通过宁波日报报业集团整合宁波出版社、报业印务中心、宁波日报开发导刊等的人力资源，组织精悍的编辑班子，负责刊物的创办。宁波港集团可提供一定资金给予支持，负责刊物的赠阅与发行。

一、印刷发行

第一年创办，每期印刷 1000 份，其中 800 余份赠送给 800 个世界各地班轮每艘船一份，一本杂志就是一个很好的宁波宣传员。剩下的 200 份，100 份与国内各港交流赠阅，另外 100 份供市内交流。出版，每月一期，每期 60—80 页。按国际流行杂志印刷，同时交流刊物，建立网页与网站。

二、充分利用这份外宣刊物做足刊外的外宣文章

（一）以刊物为载体，策划港口文化节（海洋文化节）大型活动，以往的港口文化节没有基础，只是一次性投入，广告电视做一个节目，太浪费资源和财力，有了港口杂志后，可先期造势，开展以港口建设为内容的系列评选活动，如国内十大港口（含内河港），国际 50 佳港口人物，技能及各项可操作性内容等系列评选活动（通过网络发布），最后形成广泛的联系和影响，在此基础上，开展港口文化论坛，海洋文化节等系列活动。

（二）以刊物交流为纽带，系统介绍各国船员的生活及文化风俗，配合宁波对外交流组团造势，使刊物成为宁波联系世界的桥梁与纽带。

（三）刊物成熟之后，开展营销活动，开发系列印刷产品，可分专刊制成既有宣传意义，又能吸引更多人阅读的专业刊物，出版如《海钓特刊》、《游艇特刊》以及《船员特刊》等，同时，利用办刊人才，开发既适应市民生活又与港

口建设发展相关的生活类专刊中文版提供给超市经销。

“借船出海”的外宣策略是一个系统工程，办刊或办网站是这个工程的一项基础，也是一个载体与平台，在一定阶段由宁波电台和电视台等联合做出面对太平洋西岸航运业的宣传品牌开辟电视或广播频道（当然，这必须与更长远的自由经济贸易港大发展的政策性突破配套，未来梅山岛自由贸易区开发可先期布局，目前先可从局部探索），通过刊物、网站等让宁波与世界对话，让全世界的港口城市都对宁波有所了解，并在此基础上，进行其他的深度宣传深度开拓，继而达到“港通天下”宁波城市形象“走遍天下”的目的。

第二节 借花献佛策略

宁波是东南沿海佛教道场和寺庙比较集中的地区之一，宁波的天童寺、阿育王寺是著名的佛教寺庙，奉化雪窦寺素有布袋和尚道场之称，并拥有众多信徒，在东南亚一带信徒中具有吸引力和一定的影响力。毗邻的舟山普陀山是观音道场，更是中外驰名的佛教圣地，朝拜者如云。巧妙而不失时机地借用这些“佛”的影响力特别是一些大型佛事活动，搞好宁波城市形象的对外宣传，不失为一个好的途径。比如2008年雪窦寺弥勒和尚大型塑像开光大典，云集了海内外许多著名高僧佛教大弟子，并有众多信徒前来朝拜，当他们进行完佛事活动之后，对宁波特别是奉化的了解便有了一定的直观印象。每年都有各类寺庙的活动，逢此类活动都可以通过佛教界人士等，进行更广泛的宣传宁波活动。如宁波有个七塔寺，住持可祥法师是位颇有学问和影响的僧人，可以通过他们，开展相关交流活动，来宣传介绍宁波，吸引更多的海外信徒对宁波产生向往的情怀，此为“借花献佛”传播宁波的影响力，提高宁波的美誉度。

在问卷调查中，有许多的外地人都把舟山普陀山视为宁波的“领地”，我

▲溪口文昌阁

们宁波也不妨借“误读”打一下“普陀”牌。以舟山普陀山的佛教节庆活动为例，每年的 11 月，普陀山都会举办“中国普陀山南海观音文化节”。它以深厚的观音文化底蕴为依托，打造了一个以文化名山为内涵的佛教旅游盛会。其间有大型法会、佛教音乐会、莲花灯会、众信朝圣、佛教文化活动、旅游展览会等一系列活动，吸引着众多海内外观光弟子、佛教信徒、香客游客聚集“佛国”。这些活动也成为宣传当地文化的好机会。而由此进一步延伸出的“普陀山之春旅游节”(每年 3 月)，是一融群众娱乐、游客参与于一体的互动性大型旅游娱乐文化活动，自 1990 年创办后每年一届，内容丰富多彩，包括声乐、舞蹈、戏剧、书画、摄影、灯谜、幸运抽奖、佛国茶道等，是佛教观音文化盛会延伸出来的大型活动，是典型的“借花献佛”的成功做法。由于普陀山把佛家香会和旅游文化相结合，常年游人如织，四季佛事不断，行人摩肩擦踵，每年吸引数万游客，普陀山也成为中外文化交流的窗口，宁波要积极主动走出去，完全可以在普陀山等的大型活动中注入宁波元素来宣传宁波，也不失为一个好的渠道。

▲雪窦寺

而奉化雪窦寺弥勒和尚的佛事和旅游观光活动，是在本市范围内，更是具有策划活动潜力的重要场所，都是可以充分发挥作用的。

第三节　借势扬名策略

在历史上徽商、晋商、浙商、闽商均为名商，而在改革开放的今天，其他商帮已渐式微，浙商却日益称雄。2010年7月在杭州举行的“浙商论坛”——2010民企投融资大会，吸引了2000多名全国各地以浙商为主的民营企业家、知名投资人、政府领导以及国内外重量级学者参会。2011年10月浙江省又在杭州召开了“世界浙商大会”，1500名来自世界各地的浙商和专家学者参会，时任国家副主席的习近平同志发来贺信，董建华等名流出席大会。会议除举行隆重热烈的开幕式外，还举办了中国义乌世界侨商大会暨世界采购商大会、全球创业转型升级论坛、评选优秀浙商、全国浙商网络采购对洽会、舟山群岛新区建设专题推介会、浙台企业家交流合作座谈会等一系列活动。会议受到社会关注度之高，举办规模之大，充分展示出浙商的影响力和创业创新的实力，可见浙商规模之宏大。而“宁波帮”甬商是浙商的精华之一，宁波加强对外宣传，树立城市形象品牌可借势扬名，即借浙商在国内外雄起之势，不断扬甬商之名，扬“宁波商帮之都”之名。

具体操作方案：按“世界浙商大会”执委会议定的规则，“世界浙商大会”每两年举行一次，第二届大会计划将于2013年10月26日—27日举行，那么可乘2013年10月第二届世界浙商大会召开的有利时机，开展一次大型的甬商展示宣介活动。争取在宁波设分会场，可在世界浙商大会召开前举行一次有一定规模的“甬商论坛”主题活动，围绕举办“甬商论坛”，前期开展三大系列活动造势，一是甬商群体形象展示活动，通过市内外媒体以及网络平台，系统宣传宁波代表性的民营企业典型，并联系浙商大会组委会与宁波市级媒体合作评选“风云甬商之星”。二是评选出百余家优秀海内外民企代表和甬商企业家，在浙商大会前后，组织开展一次“百名甬商宁波行”活动，组织一百名甬商代表参观宁波新建筑、高新技术开发和参与招商引资活动。三是邀请商界名流和专家学者参加“甬商论坛”，围绕甬商的经商理念价值判断和行事作风探讨宁波帮精神。同时，在浙商大会上举行甬商投资洽谈会，吸引全国甚至全球投资者的目光，通过这些活动可起到宁波商帮异军突起的宣传效果，放大宁波城市的形象光彩，同时又为宁波民营企业搭起了一个良好的宣传和融资平台，更重要的是通过这个活动凸显出甬商的影响力，为新时代甬商在海内外提升美誉度和无形资产。

通过企业产品和形象在世界浙商大会和相关活动中的展示，新甬商开拓创新的现代传奇业绩在会议期间得到充分的展示，之后以此为契机，与世界浙商大会组委会联系，争取协办2015年第三届世界浙商大会，来承办主分会场，在宁波正式举行一届“甬商论坛”，高高举起甬商大旗，邀请徽商、晋商、闽商和浙商中的温州商人代表等参加大会，共同探讨“甬商精神”的经商之道，造就宁波商帮的名分。同时，促进甬商精神走向更高层次。

之后，可错峰正式举办相对独立的“甬商论坛”。在“甬商论坛”上可邀请海内外的宁波帮人士聚集宁波。同时与世界商界顶级人士联系，把宁波的节庆大型活动纳入“论坛”基础活动，把宁波“甬商论坛”打造成商界的“博鳌论坛”，并连续延伸下去。操作的关键要以政府为主导，充分发挥新闻媒体强势宣传的作用，在商界人士心中先打下扎实的基础，以此推动活动的深入。仅此一项，就足以起到一石双鸟借势扬名的良好效果。

现在宁波已举办的“甬港论坛”，加强了与香港的交流与合作，并且在不少方面有效地借鉴香港经济发展的经验，两地开展经贸、文化、教育多项合作，取得了良好的社会交流效果。但这种交流和合作仅局限在甬港两地，虽也能在一定程度上起到城市形象的文化传播效果，但从外宣的角度论，面还是相对较窄，而宁波“甬商论坛”的举办则可在更大范围内展开，以直接的城市形象为主体，展开纵横多面交流，像达沃斯论坛、博鳌论坛一样，对当地知名度的提升起更大的带动、推广和传播作用。

“借势扬名”策略是许多城市传播城市品牌的重要手段。伦敦就曾借北京奥运会之势扬伦敦之名，推广伦敦城市形象。我们也可作一简单回顾，以说明此策略的有效性和通用性。曾记得，伦敦市当年为推广伦敦城市形象可谓不遗余力。首先在 2008 年北京奥运会期间，伦敦借助 2012 年奥运会主办城市的身份，向全球大力开展城市形象推广。为此，一是利用奥运会闭幕式上推出“伦敦 8 分钟”展演节目，这让人们至今还记忆犹新。二是伦敦发展署在北京设立了“伦敦之家”，举行一系列由知名企业、政界和体育界名人参与的活动，大力宣传伦敦在商业、旅游、高等教育和创意产业等方面提供的最佳服务。伦敦之家提供了形式十分多样的体验，包括两个星期的 37 项活动，“伦敦标志”展以及 1984 年奥运火炬展；会议区；伦敦之家的所有“家庭成员”。其间，大量媒体记者前来报道，英国首相戈登・布朗（Gordon Brown）、伦敦市长鲍里斯・约翰逊（Boris Johnson）、伦敦奥组委主席塞巴斯蒂安·科（Sebastian Coe）等纷纷亮相“伦敦之家”。同时,“伦敦之家”(http://finance.2008.sina.com.cn/londonhouse/)官网也落户新浪网，加大对伦敦城市各个方面的宣传。再次是政府传播。伦敦市长每年都会安排出访计划，积极推广伦敦。如2006年4月9日至14日伦敦市长Ken Livingstone带队70人访问了北京、上海。在短短的5天中，代表团出席了20余项活动，接受了近百家媒体采访，与中国高端企业家研讨共2000多人次，取得了良好的宣传效果。

第四节　借机行事策略

对外宣传要善于“借机行事”，如2008年来出现的全球金融危机，对于全球经贸发展是个坏事，但对于善于经营者也是个机遇，关键是如何“化危为机”。2009年，宁波市将外销战略转为内销并驱战略，为以外向型依赖度很高的宁波经济带来了新的希望，其做法是加大与内陆城市的合作，如与重庆、武汉、南昌、金华、衢州、上饶等内陆大中城市和省内城市建立营销合作关系，就创造了转“危”为“机”的条件。对外宣传应抓好抓住这种“机会”和“机遇”，做好对这些城市的宁波形象宣传，适度炒作，不但可以直接提升宁波城市的知名度，也可以促进城市经济的发展，变坏事为好事，减少GDP下降带来的负面效应，转危为机。

具体做法可采取以下对外宣传的三步招术：

其一是“走出去先请进来”。2009年9月11日宁波市与重庆合作，举行了投资洽谈会，现场签约合作项目49个，协议总金额139.96亿元，这是一次成功的内陆合作经贸活动，经济效果显著，但从外宣角度来论，要使这种活动做出一石双鸟的效果，正是一次提高宁波知名度塑造宁波形象的好时机。这类活动市政府可能会不断组织，如在外宣策略上就应该采取“欲走出去先请进来”的办法。在开展“重庆活动周”或其他活动周、日之前，由外宣部门将该地的主流媒体新闻单位的记者先请到宁波来，让他们在较短时间集中采访宁波的社会经济和城市风貌，一般该地媒体记者都会在当地媒体撰文发稿播发新闻报道及影视采访新闻，这样造成先声夺人的效果，让更多的当地人了解、关注宁波人的到来。

其二“文化搭台，经贸唱戏”。以文化搭台的形式将宁波有特色的文化艺术先期派往该地该市进行演出，传播宁波本土文化，如《十里红妆》、《甬剧》折子戏，以文化使者的形式灌输传播宁波形象，之后才是经贸活动展开。在经贸活动中，将宁波形象的宣传图片等集中到该市展示，以不断放大宁波形象和宁波文化的影响力。

其三旅游互动市民对话。在活动周期间，可通过两地旅游局或旅行社组织有代表性的两地市民代表到两地旅游参观，并通过媒体进行对话活动，以加深两地人民的互相了解，使合作建立在市民共同愿望的基础上。如此必将会取得事半功倍的宁波形象对外宣传良好效果。

又如上海世博会是促进经济发展的一个良好机遇，必须抓住不放，前期已开展了多种活动包括举办城市信息化论坛等，都取得了成功和成效。从外宣的角度看，在世博会期间如何展示宁波形象是一门学问，宁波也做了大量细致工作，之后当然应该着手谋划“后世博时代”的外宣工作。

如何将“后世博时代”这个机遇抓好，是要未雨绸缪的。大连市当年在北京奥运会期间提出，“奥运在北京，观光在大连”的口号，并由市长带队到北京进行促销活动，取得良好效果，不但吸引了游客，也大大提高了大连形象美誉度，使与奥运本来没关系的大连很好地接轨了奥运。这也是一个好的外宣案例。而宁波市旅游局提出“看上海世博，游阿拉宁波”，也是个借机行事的很好创意发挥，对促进世博游客游宁波和宁波形象对外宣传都有鼓励传播效应。

第五节 借鸡下蛋策略

2009 年 10 月，欧琳集团首席设计师卡尔·昆特·考斯特在宁波市获得了“茶花奖”。当他从时任宁波市副市长郭和民手中接过奖牌和象征荣誉和鼓励的“山茶花”时，这位从事设计工作 40 年，曾在国外获得过多项设计大奖的德籍设计师，仍按捺不住心中的激动和自豪。在欧琳工作和生活的四年中，他曾带领设计团队获得了中国设计界最高奖 —— 红星奖，问鼎欧洲国际质量之星奖，但“茶花奖”对他来说，仍旧意义非凡，他的发言令颁奖会上的来宾动容。他说：“每次当我从外地回宁波，我的感觉就像是回家一样。”他对宁波有非常美好的印象。像考斯特这样的外国专家和外国友人，以他的切身感受来赞美宁波，对于他的家人和外国人来说，其口碑效应对宁波的对外宣传功莫大焉。而如今，在迅速崛起的宁波经济中，境外营销大鳄登陆宁波日益频现，随着东部新城的建成，国际航运中心在这里矗立，许多外国

▼ 2012 年茶花奖颁奖典礼

机构也纷纷入驻，特别是鄞州南部商务区的崛起，世界500强企业有不少将在商务区中占有一席之地，许多大企业的总部也设在商务区。近年来，宁波五星级酒店可谓遍地开花，到目前已建成使用的，包括原有的共有12家，预计在一两年内，将达到32家之多。这些酒店大多都入驻了不少外国人，这是对外宣传宁波的极好窗口和平台。外宣之手，可以通过这些渠道，直接伸向他们，与他们直接握手，把宣传资料和宁波的城市形象实体展示提供给他们。具体措施是，对所有酒店工作人员进行对外宣传宁波城市形象方面的专业培训，让他们对外商、外国人的服务更加真挚并具宁波特色，感动、打动外国人，在潜移默化中对他们传播宁波文化，进而让外商、外国人、外地商贾都成为宣传宁波的活广告、活口碑。通过他们传播宁波城市形象，以一当十，借鸡下蛋，让宁波扬名海内外。

第六节 借腹生子策略

“借腹生子”的策略在宁波的外宣工作中已不乏先例。宁波曾请著名作家陈祖芬撰写了长篇报告文学作品《走进宁波》，为宣传宁波、传播宁波帮精神发挥了良好作用。又如象山县聘请杨澜作为文化代言人也在一定程度上促进了象山城市形象的对外宣传。宁波一些著名企业邀请港台明星作形象代言人，也从一个方面起到了营销宁波产品的良好作用。“借腹生子”是一种比较速效的城市形象营销手段，但有两个因素须事先考虑周密，一是经济支付与成效的比值(投入产出比)，二是不能把这一营销策略简单化实施，仅仅理解为请一个名人写一本书或聘请为形象大使就完事。这种简单化的做法，性价比太低。一定要把这种策略的运用作为一个营销过程，而这个过程也是对外宣传宁波城市形象的过程，这样才能发挥出应有的效果来。

比如，我们曾设想，聘请祖籍宁波的华裔美籍大提琴家马友友为宁波市

▲美国时报广场

形象大使，如果马友友愿意担任这一角色，那么，事先事后应策划一系列的公关活动，可以以马友友应聘为主线，全面宣传宁波籍海外人士的成功人生。邀请马友友回家乡。到美国去颁发聘书，在美国开展有效的宁波城市形象宣传。马友友一旦回宁波，可为其举办专场音乐会，并在媒体上广泛传播等等。总之，要把这一活动变成双向互动的传播过程。使“借腹生子”产出“大胖小子”，并让“大胖小子”长大成人，走出宁波，走向国际，成为影响广泛的“宣传工具”。

第七节　借米下锅策略

宁波从1999年开始，在国内首创了由市政府出资，给来甬应聘高层次创新创业人才发放交通补贴的首届宁波市高层次人才智力项目洽谈会(简称高洽会),后来一直连续举办了11届。高洽会也成为国内引智引才高知名度的品牌。

城市的营销以及推广和城市形象的对外宣传,也需要大批的有智慧的高级人才,在目前宁波外宣人才相对匮乏的情况下,可以采取政策性措施引进一些有真才实学的高级城市营销宣传人才,以借脑生智的办法来加快宁波城市形象对外宣传的力度;也要积极培养和发现现有的城市营销宣传人才。宁波现有从事外宣工作的人员总体上集中在宣传部的外宣处、科,人员有限,宣传思路也有一定的局限性。而全市各单位具有这方面才能的人才却还有不少,应广开言路,发挥社会各界专家的智慧,建立一个专家智库,"借米下锅",让更多的有专业和专长的人员参与外宣工作。同时,也可以更多地发挥新闻媒体有关专家的作用,将他们在新闻宣传方面丰富的实践转化为对外宣传的创意,开创城市形象宣传的新局面。

▼2012年中国浙江·宁波人才科技周

具体做法：建立一个以社会各界高层次具有一定城市形象营销经验的专家组成的专家人才（小组）智库，可先期对集中起来的专家进行一定量的培训，比如组织他们到国外先进城市学习考察，激活他们的头脑，然后充分发挥他们的智慧，就能不断创造对外宣传的亮点。宁波市城市形象口号征集之所以取得成功，很大一部分因素也正是发挥了社会专家的作用，调动了他们参与的积极性，上下结合而成的。

第七章

城市形象主题口号、标识征集案例

宁波城市形象标识“十佳”作品

“您心中的宁波——城市形象主题口号”征集活动，像一场万众参与的大合唱，旋律动人、气势磅礴。它饱含了新老宁波人对家乡、对宁波的挚爱真情和美好愿景，也凝聚了海内外宁波籍人士的文思和才情，成为一次问计于民、集中民智、迸发创新活力的宣传活动，也成为宁波市对外宣传工作，特别是城市形象宣传的一个著名案例。

宁波城市形象对外宣传和传播工作是一项庞大的系统工程。前面已作较详细论述，但在具体实施中，却要从一个一个具体项目，一件一件具体工作和事情做起。以下第一节“城市形象口号的征集与提炼”和第三节“宁波市征集城市形象标识探索实践”，是已经实施的宁波城市形象对外宣传系统工程中的2个子项，作为社会反响热烈外宣效果良好的典型个案，设章论述，以佐证宁波市城市形象对外宣传的有效方法策略和发挥出来的城市对外宣传重要作用。

第一节　城市形象主题口号的征集与提炼

征集和创作城市形象主题口号，是近年来国内许多城市宣传营销城市的普遍做法。其城市形象主题口号可以起到高度概括城市特点、传递城市信息、吸引外界关注从而促进旅游、投资的功效，也是对外宣传城市打造理念识别的重要途径。但要创作和提炼一个好的形象口号并不容易，而且搞不好还会起负面作用。新华社主办的《半月谈》杂志曾刊文评说全国不少城市开展此类活动，直言“作秀者多，有的甚至很低俗。”但评说唯宁波这一活动自下而上，发扬民主，问计于民，产生了非常好的社会效益，并真正发挥了宣传城市的作用。

作为宁波市对外宣传“活动载体”系统构建的“十个一”基础工程，主管主办部门又是怎样具体来运作的呢？下面作一介绍。

一、城市形象主题口号征集操作细则与路径

2009 年，宁波市外宣部门根据宁波社会经济发展对外宣传工作的需要，计划开展多项展示城市形象的外宣活动，其中之一就是征集一句能叫得响的城市形象主题口号。按照市委、市政府的要求，从 2009 年 4 月 16 日起，宁波市政府外宣办和市委宣传部外宣处协同市旅游、外经贸、经合办、文广局、报业集团、广电集团等相关部门成立组委会，组织开展城市形象主题口号征集活动。活动分先期舆论引导（新闻造势）、征集、筛选、评选、定评五个环节进行。

具体活动步骤如下：

（一）城市形象主题口号的征集过程

组委会于 2009 年 4 月 16 日，在解放日报、浙江日报、央视国际、东方网、浙江在线以及宁波市级媒体上同步刊出征集启事，同时，还利用市内数字电视、车载移动电视、社区（广场）电子显示屏和网格广告组织社会宣传，广泛发动，积极推进，吸引了众多海内外人士参与。主要呈现以下几个特点：

一是参与人数多。从 4 月 16 日征集工作启动，截至 5 月 5 日，在短短 20 天时间内共征集到作品 42715 条，平均每天达到 2100 多条，总量远远超过同类城市组织的同类活动。为扩大影响，组委会还面向宁波籍“两院”院士、文化界著名人士和旅居海外的宁波帮人士开展了定向征集工作，路甬祥、杨福家、杨福愉、柴之芳等院士，作家陈祖芬都热心地发来了应征作品。

二是参与区域广。全国范围内除西藏、青海没有来稿外，其余省份包括港澳台地区都有来稿，省内其他 10 个地市也都有来稿。据统计，来自市内的投稿占 49%，市外的占 51%。

三是涉及元素丰富。众多作者在创作之前，充分研究了宁波城市形象的组成元素，在创作过程中对宁波有了更深入的了解和更深刻的认同。从 4 万多件作品看，使用频率较高的有港、桥、水、海、商、文、活力、和美、爱心、时尚、书香等。

（二）城市形象主题口号应征作品优选过程

本着对每一位应征作者公正负责的态度，组委会组织由市级相关部门

负责人和本市研究城市形象的专家，依据“主题突出、特质鲜明，记得住、叫得响”的原则，对全部4万多条口号逐一认真审看，进行科学优选，第一轮筛选产生100条作品，第二轮又筛选产生30条候选口号。

经宁波市委宣传部部务会议慎重研究通过，组委会按照“问计于民”的要求，将筛选出的30条候选口号在省、市多家媒体上予以公布，组织公众投票。通过广泛宣传发动，从6月1日至10日，共收到公众投票11828张，其中来自市外的投票占到总票数的25%以上，除甘肃和青海没有投票外，其余省份均有投票。如同征集阶段一样，整个投票优选阶段再次成为对外宣传宁波的过程。

在组织公众投票的同时，组委会还就30条口号的排名，广泛征求了市四套班子办公厅，市人大、市政协专门工作委员会，各牵头部门和部分人大代表、政协委员的意见，形成了一些基本共识。

（三）主题口号的入围入选

依据公众投票结果，充分吸纳各部门和专家意见，同时综合考虑作品表现元素和表现形式的多样性，经市委宣传部部务会议认真研究，最终将下表内的10条口号确定作为入围作品。

排　名	口　号
1	书·藏古今，港·通天下
2	世界的港城，阿拉的宁波
3	东方大港，和美宁波
4	新丝路 新海港 新宁波
5	桥跨大海，港联世界，中国宁波
6	东方大港，千年商城，多彩宁波
7	商帮故里，爱心港城——阿拉宁波
8	宁波，梦想起航的地方
9	海定波宁，和美港城
10	天一生水，万象宁波

鉴于各方对排名靠前的3条口号意见较为一致，为此，组委会建议，在“书·藏古今，港·通天下”、“世界的港城，阿拉的宁波”、“东方大港，和美宁波”这3条口号中，选择1条作为宁波城市形象主题口号，并向市委、市政府递交了专题报告，提出了建议理由如下：

1. 书·藏古今，港·通天下

入选理由：“渔樵耕读”、“书香门弟”、崇文崇教是历代宁波人的精神追求，爱书、读书、藏书、用书，始终浸润在这个城市的骨子里。从这个意义上讲，“书·藏古今”这句话高度概括了宁波的人文特征，并在广义上寓意着宁波历史悠久、文化厚重。而“港·通天下”，则突出了宁波作为商贸港城的特色，并寓意了宁波人开放开拓的精神和海纳百川的胸怀。这两句话8个字，用简练的语句，概括了宁波作为大港之城、商贸之城、文化之城的特质，并且用词大气、对仗工整，也比较文雅。

2. 世界的港城，阿拉的宁波

入选理由：宁波城市形象的元素很多，该作品则抓住了港口这一宁波发展的最大特色，一句“世界的港城”，既体现了宁波港在世界港口中的地位，也反映了宁波不断融入世界的开放姿态。而“阿拉的宁波”，使用了宁波当地的特色方言，与其他城市相较有独特之处，细细咀嚼，又有一股自豪自信自强的韵味在里面，而且比较通俗，叫得响，记得住。

3. 东方大港，和美宁波

入选理由：如上所述，港口是宁波过去、现在和今后发展的最大资源和优势，用“东方大港”来概括应该说是名副其实。同时，宁波又是一座宜居宜业的城市，曾经两度获得最具幸福感城市和全国文明城市。因此，“和美宁波”既是宁波的现实写照，也是一座城市未来发展的最高追求。此外，“和美”两字，其他城市至今没有用过，既具独特性，又具引领性。

二、新闻引领，内外互动，凸显舆论优势

在征集和产生形象主题口号的过程中，媒体刊发了大量的新闻报道，特别是主要承办媒体《东南商报》，创造性地开辟针对性很强的专题专栏，共发

新闻专版20余个，发挥了舆论引导的强劲优势，形成了内外互动的浓郁氛围，凸显了媒体传播的舆论优势。最终，评选结果在万众期待中揭晓，“书藏古今，港通天下——中国宁波”从42715条应征口号作品中脱颖而出，正式入选成为宁波城市形象口号。它既标志着一次传播广泛、影响深远的战役性外宣工作取得了重要的成果，也标志着宁波从此有了一句大家认同的、叫得响的城市形象主题口号。

让人记忆犹新的是“您心中的宁波——城市形象主题口号”征集活动，自2009年4月中旬启动以来，就像一场万众参与的全民大合唱，旋律动人、气势磅礴。它饱含了新老宁波人对家乡、对宁波的挚爱真情和美好愿景，也凝聚了海内外宁波籍人士及宁波上上下下的文思和才情。口号数量之多，来源范围之广，公众参与的热情之高都超乎主办方的预期。上至两院院士、著名作家，下至普通工人、农民，包括机关干部、军人、大学生和外来务工者等社会各阶层人员，都以饱满的热情参与其中，直至征稿活动截止时间的最后一刻，还不断有热心的市民手捧着作品来交稿。

这次口号征集活动的成功，也体现了媒体新闻传播活动的大手笔。经主办部门精心组织策划，参与媒体上至中央下至全市，数量不下数十家，作为征集活动办公室所在的东南商报社更是全力配合，殚精竭虑地为活动鼓与呼。一时间，甬城上下竞说“宁波”，男女老少关注“口号”。同时，在长三角，在全国，甚至在海内外，掀起了一股“宁波形象热”。许多市民通过活动进一步了解了这个美好的城市，外地人也通过活动翻查资料认识了宁波，并深入了解了宁波。最终确定入选的口号正是出自于一位外地友人之手。同时，由于精心组织，周密实施，也做到了上下满意。

在征集、筛选、评选等环节工作和活动期间，市委、市政府主要领导、分管领导多次听取汇报，提出许多指导性意见。市委、市人大、市政府、市政协所属的多个部门也对征集和优选工作给予了大力支持，提出了宝贵意见。市委宣传部、市外宣办把这次活动作为深入贯彻科学发展观、问计于民的一次学习实践活动，多次专题研究，做到精心组织，周密实施，努力使整个征集活动成为宁波城市形象提炼和传播的过程，在市内外取得很好的社会宣传效果。中央外宣办以简报形式介绍了宁波开展的此项活动,并予以肯定。

诚然,这次征集活动既成为一次宁波城市形象提炼和对外传播的活动,同时也成为一次问计于民、集中民智、迸发创新活力的宣传活动。它增加了新老宁波人对宁波城市的认同感和归属感,体现了广大市民对宁波城市未来发展的期待和追求,对于提升宁波城市的知名度和美誉度,起到了积极的推动作用。它也成了宁波市对外宣传工作特别是城市形象宣传的一个著名案例。

第二节 构建城市视觉识别符号——城市形象标识

宁波市2012年年底启动宁波城市标识征集活动,这又是一次对外宣传宁波城市形象的大型外宣活动。它将有助于宁波城市形象视觉识别系统的构建和塑造。以下就城市视觉识别符号建设的理论层面问题和城市形象标识设计的全球视角作进一步阐释和分析。

一、城市形象标识的功能

(一)什么是城市形象标识

城市形象的培育、塑造和推广是一个系统工程,它包括一座城市的"城市精神"、"城市口号"、"城市标识"等一些重要元素,共同构成了城市形象的浓缩和重要的传播符号。"城市精神"、"城市口号"更多反映的是一座城市的内涵和特质,表达城市形象的深度;"城市标识"Logo则是城市独特文化和精神的直接展示,是城市品牌的外在形象代表,是城市的视觉识别符号。

城市形象标识的重要功能是为复杂的城市系统提供一种经过升华凝练的印象标志,使人们透过现象把握本质特征,把一个城市与其他城市区别开来。这种标志既鲜明,易于识别,内涵又丰富,容易使人产生联想。

城市视觉识别符号具体化和特定化之后，即以城市形象标识呈现出来，它是城市文化的物质载体，其产生的功能不可小觑。现在国内许多城市从外观看大同小异，房屋建筑甚至都没有什么区别，所谓“千城一面”。而在“千城一面”时代，文化元素差异化就成了城市间竞争的利器。就像一个企业需要创建自己的品牌形象一样，一座城市也需要找到自己的独特定位，亮出自己的城市形象，并通过城市标识使这个城市形象得到传播和流传。因此，在“千城一面”的城市风格“同质化”时代，开发和运用城市文化资源已成为城市差异化竞争的成功利器。城市形象标识可以成为对外宣传、对外交流的重要载体。

（二）视觉识别符号的特征

一般来说，城市视觉符号具有识别性、差异性、对应性、象征性四大特征。

1. 识别性

它是易辨性和易明性的总和，是城市视觉符号设计的最基本的特征。识别性要求展示事物独特性，城市形象标识正是运用简约、清晰、准确而生动的图形语言传达复杂的城市信息。让人容易理解乐于接受，这样视觉传达效果才能发挥“形象竞争”的强烈冲击力。对城市形象符号来讲，识别性增强了其存在的价值。

2. 差异性

差异性是指事物之间相互区别（外在差异）和自身区别（内在差异）。城市视觉符号的差异性主要指外在差异具体存在于城市彼此之间的不同点，任何城市都有自己的特点，即与其他城市的视觉符号有鲜明的差异。任何城市形象中都蕴藏着城市过去的历史遗迹、城市现在的文化特质和城市未来的战略规划，城市视觉符号使人能够感知城市形象鲜明的个性，具有明显的差异性。城市本身就存在差异，而城市的差异是通过视觉差异体现的。

城市视觉符号是城市自身各种特征在某一方面的聚焦和凸显。这种特征往往是透过文化这个深度层面折射出来的。它可以是历史遗留、自然所有、社会需求等多种因素积淀的结果，也可以是经济的、政治的或民族的。依据城市存在的差异基因，坚持城市视觉符号差异化，创造城市视觉符号的差异性特色，才能吸引城市市民的关注，并使人们产生与城市形象的共鸣。

3. 对应性

对应性是指城市视觉符号与城市精神、内涵、文化等的“一致性”和“呼应性”，也是城市视觉符号形式和意义的完美结合。

城市视觉符号（即城市形象标识）的设计不是某个设计人员闭门造车、自我陶醉的搞创作，而是要植根于城市的地域文化，与城市的政治经济、民族历史文化、地域环境特点相对应，塑造具有该城市特色的城市视觉符号。从人的心理需求出发，考虑人在环境空间里的视觉感受，符合民众的时空感和审美感。关注民众对美的本能渴望，在设计过程中与形式美法则相对应。从城市的文化特征、精神内涵、本体特征出发，在充分进行市场调查研究的基础上，设计出与城市核心理念相对应、同城市定位相一致的视觉形象符号，从而使其既能与城市的文化特征、精神氛围相对应，又能与城市的市民心理需求相对应。

4. 象征性

象征性是城市视觉符号设计的主要表达手段。象征是指对某一复杂的事物或抽象的思想与概念等用某一与之相关联的物象或词汇来代表它的意义。

城市视觉符号的象征性侧重以象征手法通过具象或抽象的图形来传达城市的理念内涵。孔子云“圣人立象以尽意”，是较早谈及意象的言论。阿恩海姆在《视觉思维》中谈到：“在任何一个领域，真正的创造性思维活动都是通过意象进行的。”城市视觉符号的设计某种程度上说是寻找意象的过程。意象的形成过程就是通过理念与形象的和谐结合把感知的东西变成视觉语言，即是一种“立象以尽意”的过程。

城市视觉符号往往使城市中那些非物质化的精神与理念依附在符号的形式上或者借助于符号形式给人以心理的暗示得以传达，这就是城市视觉符号的象征性。城市视觉符号是城市独特、鲜明的标志性象征物。从某种意义上来说，它就是城市的一张名片，它传递和演绎着城市所特有的灵魂和形象，逐渐成为城市的一个代表，成为一个城市不可泯灭的象征，成为独特的城市形象标识。

二、城市形象标识的类型

城市视觉识别符号即城市形象标识作为城市文化的物质载体，以象征性的语言和特定视觉形式，向人们展现城市的历史发展、时代变迁，并遥视未来。它不仅是一个城市的象征，也附着一个城市的灵魂，更凝聚着人们对城市的情感。不同形态的城市标识往往能反映城市不同历史时期的成就，体现城市的精神理念、人文情怀、地域特征、发展战略等，它能激起人们对城市的向往和美好的回忆，并以符号的形象保证城市在信息化时代的建设和可持续发展。

由于城市形象标识是城市形象设计者通过对城市标识的符号形式进行了赋义赋值的符号化过程而形成的，因此城市标识具有人工创造物的特征。

根据现有一些城市设计城市形象标识的现状，有研究者把它们分别归纳成四种类型，即理念型、人文型、地域型和战略型等四大类型。

（一）理念型城市标识

理念型的城市标识主要侧重于表现城市独特的精神理念、价值观、哲学思想、文化价值等。

城市理念是城市的精神，城市精神又是城市文化动力的内核。将城市精神这一抽象的概念融入到城市标识中，通过简洁的视觉元素使城市精神深入人心，让人对城市的性质、发展方向及意向有共同的认识，并产生归属感。

例如2006年，重庆市的城市标志确定为“人人重庆”，以“双重喜庆”为创作主题，两个欢乐喜悦的人组成一个“庆”字，道出重庆名称的历史由来。其视觉形象以人为视觉元素，展现出重庆“以人为本”的城市精神，和重庆人“广”“大”的胸怀，并祝愿其美好吉祥的寓意。

（二）人文型城市标识

人文型城市标识主要侧重于表现城市人文风貌、历史文化等各种文化现象。对于城市而言，其文化无不是传统文化与现代文化、本土文化与外来文化的结合。同时也是高雅文化与通俗文化、区域文化与世界文化的结合，以形成先进的文化价值体系。

第一，城市因人的存在而存在，人类的物质和精神活动造就了城市文明。城市的规模、建筑等，是一个城市的“形”，而城市的人文素质、人文内涵，则是一个城市的“神”、一个城市的生命、一个城市的灵魂和品位、一个城市的绿色文化原野。

如昆山市城市标识由变形“昆”字、祥云和山体元素组成。从整体看，是一个山体的图案，而祥云的图案则构成了“昆”字，暗含昆山市的市名，而且山体寓意为“山高人为峰”，象征昆山人在攀登现代化新高峰的征程中，永不满足、追求卓越的人文精神。

第二，城市的历史文化是城市本源和血脉。城市的历史文化是指一个城市不同时期民族或地域文化在城市中的总合与表达。一个城市的文化通过历代传承造就了不同于其他城市的区域文化，形成了一种文化差异性特色，即形成了一个城市独具个性的人文色彩，并决定了城市发展的方向和形态。城市的历史文化都有很强的地域性、时间性和广泛的接受性。

城市标识的设计决不能仅仅理解为利用城市的名称（中文和英文）而设计的二维图形，也不是随便的一栋高层建筑，更不是城市的某一座雕塑的图解，它应该是对城市内涵要素的整合、提炼而设计出的能够象征城市的一种视觉图形语言符号。深厚的历史文化积淀是创造个性化、艺术化的城市视觉符号不可替代的宝贵资源，历史文化古迹是城市个性构成的主要元素。国内外诸多城市无一不是在建设现代化大都市的过程中保存了自身的历史文化“母体”，并以此提升城市的吸引力和竞争力。

城市标识必须能够反映该城市的历史文化内涵，注重城市历史文化的文脉延伸。标识设计者在设计城市标识的过程中，将这些文化内涵融入到设计中，达到“城市标识体现城市文化，城市文化寓于城市标识之中”的效果。所以在城市标识设计中，要准确地传播城市富有个性的形象，充分了解城市的人文是关键所在。城市有哪些独特的风土人情、文化传统、人文风采、民间艺术、当地习俗等具有地方色彩的文学艺术等都是人文城市标识设计所要关注的内容。

（三）地域型城市标识

地域型城市标识是指突出城市的地域文化特征、地理地貌特征气候特征等，设计这些特征为主体。

由于每个城市所在经度、纬度的不同，自然条件与地貌特征会有一定的差异。在人们的记忆和印象中，每当提到一座城市的时候，人们最先想到的便是他所在的地域环境。当然，每个城市对外宣传的形象因素首先也是地域上的。设计者可以从城市的地域环境中寻找设计要素，构成能够代表城市的标志，并让人们记忆深刻，容易辨别。

北方城市与南方城市在自然气候上完全不同，内陆城市与沿海城市的自然风光也各有特点。因此当设计城市标识时，地域因素是必须要特别考虑的。这方面研究比较成功的案例是昆明，昆明是中国少有的四季如春的地方。春城花多，花盛，花奇，一年四季争奇斗艳，街头随处可见。今天的昆明被称为“最适合人类居住的城市之一”。也许是受这里四季如春的气候感召，人们都喜欢来这里定居。昆明四季如春，“春城”这个称号享誉全国。于是，昆明市政府提出把“住在昆明”作为城市品牌进行推广。所以，昆明城市标识也用了一些特别的地域性元素，人们一看到昆明的城市标识一定会联想到春天的阳光和各种各样富有魅力的花草。

青岛是著名的旅游度假胜地，“红瓦绿树，碧海蓝天”，这正是青岛地域特征的体现。青岛的城市标志上方是市花耐冬花与展翅高飞的海鸥的变形图案，象征青岛人民奋发向上的精神和青岛市的辉煌前程，下方由栈桥和海洋的变形图案组成。栈桥作为青岛的标志性建筑，体现了青岛旅游城市的特征，海洋体现了青岛沿海城市的地理特征。栈桥的顶部为红色，栈桥底部的海洋和圆环为绿色，底色为白色，正是体现了青岛“红瓦绿树”的城市地域特征。

(四)战略型城市标识

战略型城市标识是指依据城市的发展规模、战略定位、长远规划而设定的。城市的标识不仅象征着城市过去和现有状况，而且应该用发展的眼光来塑造。城市的发展战略与城市的视觉符号的视觉形象元素的提取息息相关，应当以城市的发展战略为依据去塑造，体现城市和品牌形象对城市性质、规模和发展方向的要求，深化和实现城市的发展战略与规划意图。城市标识设计应当体现城市的“以我为主”的方针，以城市特色为指导，适应现代城市发展的战略和趋势，把城市标识形象要素的特性有机地结合起来。总之，城市形象标识的设计对城市的发展是一种补充、完善和升华。城市的视觉符号只有体现城市的发展战略，并将之纳入形象设计中，才能有利于城市经济活动，提高市民的生活质量。

香港作为一个世界性的区域体，对外有着良好的形象。1997 年香港在回归祖国前夕，举行了大规模的区旗、区徽等视觉系统的设计征集活动，并以此规范、设计了特区政府系统以及公共系统的所有识别要素，借此传达出特区政府以及香港特别行政区的良好形象。但 2000 年，香港区政府决定斥巨资全力打造香港的“动感之都”的国际形象，并重新将香港定位为“香港，亚洲国际都会”。区徽已经不能适应香港城市的发展战略，因此，香港政府邀请世界一流的设计规划公司设计出香港城市的形象识别系统，以符合香港城市的新发展战略，更好地展示其集东方的神秘和西方的高度文明于一身的独特形象。

总之，城市标识的塑造既要综合反映城市的发展思想、服务领域、建设基础和社会发展水平，又要体现城市的个性特征和精神风貌。城市标识不是单纯的图形设计，要紧紧围绕城市这一主题，将城市的地域特征、历史文化内涵、精神和发展战略融入到城市的视觉要素中，使之成为“人无我有，人有我最”的城市视觉符号。

三、优秀城市形象标识鉴赏

国内外许多城市都有自己的形象标识。一些特殊的标识更是令人过目不忘。像英国伦敦 2012 年奥运会，让全世界人都熟悉了的伦敦“奥运”标识。当然，英国伦敦的城市标识也是简洁而富有特色，一看就能记住，而且明了。因为它的标识就是以伦敦字母为基本元素设计的。国内的城市也有不少优秀的城市标识作品。像前述的香港、重庆以及杭州等城市，城市形象标识印进了人们的脑海，也非常容易联想和记住这座城市。

下面一组优秀城市形象标识可予以比较鉴赏：

新加坡

新加坡城市品牌形象标识“Your Singapore 我行由我新加坡”。近年来，新加坡积极发展旅游产业，强调定制化的旅行体验，彰显新加坡作为热门旅游目的地的核心竞争力。“Your Singapore 我行由我新加坡”代表了汇聚各种魅力景点、美食和文化的全新体验，着重强调以游客为中心的非凡个性之旅，彰显了新加坡旅游品牌对全球游客的吸引力。

伦　敦

伦敦城市品牌形象标识是由竞标产生。伦敦政府只允许很少的一些设计公司进行投标，官方限定了公司大小、营业额、保险措施、健康与安全和其他标准的最低标准。

纽　约

纽约城市品牌形象标识由著名的 Wolff Olins 公司设计。Wolff Olins 曾为伦敦奥运、联合利华等设计形象。NYC 纽约城市品牌形象标识现代感与文化感十足，是一优秀的品牌设计作品。

首　尔

2002 年韩日世界杯结束后，韩国首尔面向全球征集城市宣传标语，最终确定“Hi Seoul”（你好，首尔）为城市品牌形象。在随后数年时间里，首尔先后推出市徽、市歌，并通过“Hi seoul 庆典”、清溪川复原

工程等大型活动、项目，塑造城市新形象。

香　港

香港特区政府9年前推出“香港品牌”作为向国际推广香港的宣传平台。“香港品牌”的形象标识，保留了原来飞龙标识的精粹，只是在飞龙尾后加上三色彩带，更具时代感。

“香港品牌”新形象由本港设计师陈幼坚设计，他解释说，由飞龙延伸出来的蓝、绿彩带，分别代表蓝天绿地和可持续发展的环境；红色彩带则勾划出狮子山山脊线，象征香港人“我做得到”的拼搏精神。

墨西哥

墨西哥首都墨西哥城新的城市标志。这个标志设计的灵感来源于墨西哥城的标志性建筑“独立天使”，是墨西哥城独立、和平、友谊和正义的象征。

墨尔本

澳大利亚第二大城市墨尔本的市徽标志，以反映多元、创新、宜居和重视生态的城市形象。这个由全球著名品牌顾问机构设计的新“M”字市徽用以取代上世纪90年代初启用的旧树叶标志。市长罗纳特·道尔在揭晓这个耗资24万澳元的新城市市徽时表示，旧的标志显得有点落伍，面对变化的世界，墨尔本的市徽也需要与时俱进。

爱丁堡

爱丁堡是苏格兰的古都，也是苏格兰现在的首府，它的城市品牌于2005年正式推出。新的城市品牌，凝结着爱丁堡的核心信息和雄心，是爱丁堡整合城市营销努力的强大工具，并且需要担当起向全世界推广爱丁堡投资、旅游、居住和学习价值的使命。

重　庆

重庆城市标识起步较早，2005年9月，确定了“人人重庆”图案为重庆形象标识。“人人重庆”以“双重喜庆”为创作主题，两个欢乐喜悦的人，组成一个“庆”字，道出重庆市名称的历史由来。“人”为主要视觉元素，展现重庆“以人为本”的精神理念，传递出重庆人“广”“大”的开放胸怀，和“双人成庆”，蕴含政府与人民心手相连、共谋重庆发展的内涵。

杭　州

2008年3月28日，“杭州城标”在西湖揭晓。

杭州城标以绿色、黑色为主色调，由“杭”的篆书演变而来。城标运用江南建筑中标志性的翘屋角、圆拱门作为表现形式，将航船、城郭、建筑、园林、拱桥等诸多要素融入其中。标志右半部分还隐含了杭州著名景点“三潭印月”的形象，体现了中国传统文化与江南杭州的特征。

四、城市形象标识产生的办法与渠道

各城市提炼和创作城市形象标识办法和渠道多种多样。如同前面提到的一样，国外许多城市的标识大都是由世界著名的品牌和平面设计师设计、创作。有的是由著名专业团队设计，有的是通过政府招标的方式，由多个大的或著名的设计公司竞标，然后创作设计完成。但近年来，国内流行的做法是面向社会，甚至面向全球公开征集城市形象标识。面向社会征集的结果，往往可以收到一石双鸟的效果。一方面可以花较少的经费就征集到专家、群众共同认可的、具有较好传播价值的城市形象标识作品。更重要的方面是可通过开展征集活动，让社会甚至海内外相关人士，关注征集作品的城市。在征集过程中，宣传营销城市形象，让更多的人了解、知晓这座城市，从而提高城市更大范围的知名度和关切度，扩大影响力。像国内杭州、重庆等都是采取面向社会征集的办法产生了城市形象标识。因此，社会征集的方法，也成为了宣传营销城市形象的一个有效手段。

但面向社会征集也有一定的风险性和不足。很可能没有名家参与设计，也可能要承受征集不到理想作品的风险。像深圳市曾经采取面向社会征集的办法，但最后征集来的作品都不满意，以至没有作品入选。这其中重要的原因是面向社会征集，如果工作做得不细，参选作品往往业余创作者多，而专业人员或著名设计公司一般不愿意或不屑参加这类活动。一是怕落选影响原有的声誉，二是毕竟要投入人力财力进行设计创作，成功入选的概率却又很低，得不偿失。因此，使社会征集作品的数量和质量都会大打折扣。

不过，这种风险只要事先精心考虑和策划，准备在先，还是有可能化解的。毕竟，向社会公开征集，正面宣传效应会不断得以放大。

因为城市形象标识只有得到普遍认同才有生命力，而面向社会的公开征集活动，既是广泛地依靠全社会力量来为城市形象标识出谋划策，也是让大家对我们的城市有新的认识和认同感。而一个好的城市形象标识，只有得到普遍的认同之后，才能赋予其本身价值之外的附加值，才会具有生命力。有的城市的做法是，社会公开征集与专家团队结合产生。即社会征集万一没有理想作品入选，还可以在入围的作品中选择有修改价值的作品请知名专家团队进行提炼拓展，最终产生符合要求的城市形象标识作品。

2012年9月，宁波市在前几年成功征集"书藏古今，港通天下"的城市形象口号之后，又一次开展了面向社会公开征集城市形象标识的活动，在分析了其他先行城市做法优劣得失之后，经过精心策划，方法步骤到位，再次引发了社会的广泛参与和极大关注，共征集到来自世界各地的有效应征作品5356件。从征集到的作品数量看，还是非常成功的。为评选和推出宁波城市形象标识打下了扎实的基础。同时，活动受到海内外相关设计人士和全国各地设计爱好者以及市民群众的广泛响应和参与，在征集活动过程中，也充分宣传了宁波城市形象，达到了传播城市，扩大城市影响力的良好效果。作为城市形象对外宣传大型活动的一次重要实践，其做法也是具有创新探索色彩和可圈点值得总结之处的。

第三节　宁波市征集城市形象标识探索实践

宁波城市形象标识征集活动主要分氛围营造、公开征集、紧密宣传、筛选评审四个部分和阶段进行。

一、前期造势，舆论引导

宁波为了开展好这项活动，市有关部门事先做了充分的准备和部署。由宁波市政府外宣办委托在开展大型新闻社会活动有丰富经验的当地新闻媒体《东南商报》社和一家官方网站《中国宁波网》为主承办，加强前期造势，舆论引导。承办媒体《东南商报》精心策划，在城市形象标识征集活动开始之前，首先在报纸上开辟栏目"话说城市形象"，连续推出《"书藏古今"蕴藏多少宁波人共同记忆的符号》《宁波"港通天下"地理优势日益体现》《宁波帮"无宁不成市"缔造经久不衰的商业传奇》《智慧城市让市民生活更美好》

《"爱心"为宁波城市形象铺就浓厚的底色》等5篇相关新闻报道。接着又推出新闻策划稿《寻找宁波记忆符号》征集新闻线索，并刊登介绍宁波记忆符号元素的后续新闻报道《"鼓楼"—— 寄托着宁波城市人的怀古情怀》、《象山石浦 —— 承载着宁波精彩的渔业记忆》、《宁波具有国际范的新地标 —— 杭州湾跨海大桥》、《三江口，宁波城市和港口发展繁荣的象征》、《八百里四明山 —— 老宁波帮的集体记忆》等近10篇散文式的文章，密集的文化元素介绍，吸引了读者的眼球。通过新闻宣传造势，引起社会关注，同时为创作者提供了大量创作元素，为即将启动的征集宁波城市形象标识作者启迪创作思路。而前期造势，也正是发挥媒体力量，传播城市理念的很有效的富有宁波特色的创新形式。

经验表明，前期的舆论造势对于开展这项活动能否达到预期目标非常重要，它能够起到先声夺人、引人入胜的作用。

二、面向社会，征集作品

在前期宣传造势下足了工夫的基础上，活动组委会选择好时段，由市政府外宣办会同有关部门在媒体上推出面向全球征集宁波城市形象标识启事。

启事将开展征集活动目的、主办单位、征集时间、作品要求、评选办法奖金数额等一一说清楚。

参与者一般对评选奖项格外关注，所以启事特别讲清楚共评选120件优秀作品，10件入围作品，并在入围作品基础上产生或评选出中标作品予以重奖。在媒体刊登征集城市形象标识启事的同时，报纸上还刊登了征集活动组委会有关负责人谈征集城市形象标识的目的、意义、解读启事有关注意事项的新闻报道。

另外，在面向社会公开征集城市形象标识作品的同时，还通过组委会向国内百家专业设计公司和知名设计师定向投寄发放征集启事海报和邀请参与征集活动函，并在国家知名媒体和专业网站发布征集启事，广泛告知宁波市征集城市形象标识的消息，真挚地邀请一些专业设计公司参与到征集活动中来。

三、过程跟踪 紧密宣传

由于前期舆论铺垫和详尽的新闻解读发挥了作用，城市形象标识征集启事刊登后，立即引起广泛关注。组委会6天时间就收到全国各地作品近百件。于是，媒体及时跟踪进行报道，趁热打铁。连续刊登"城市形象标识征集引关注；专家谈他们眼中的宁波城市形象标识创作"；"宁波城市形象设计者用作品向世界介绍宁波"的报道。并策划"我心目中的宁波城市形象标识"涂鸦大赛活动相配合，唤起市民参与的热情。在当地媒体刊登世界多个城市优秀城标鉴赏，为创作者启迪思路和供读者欣赏。

在最初的城市形象标识征集作品来稿中，主要吸引了大批的年轻人，特别是一些在校专业大学生，也吸引了不少有经验的专业设计工作者。他们饱含浓情以最快的速度第一时间寄来了作品。

当然，最初应征的作品大部分都是激情之作，还是比较粗糙稚嫩的。但通过新闻报道的追踪，对作者是个鼓励，对后来有志参与者是个激励，能够发挥很强的鼓动作用。

之后，《东南商报》等报纸媒体连续追踪报道，刊登了8期来自海内外作者、设计者发来的宁波城市形象标识应征作品选登，并连续4期刊登应征作品作者热情参与活动的新闻故事。如"世界各地的人们借城市形象标识作品表达自己心中的美丽宁波""'梦中小镇'令她——塔季扬娜（德国女设计师）魂牵梦萦"等报道。正是因为这个阶段的细致缜密的策划性宣传报道，使后来应征作品如雪花般地大量寄发到组委会。（这个阶段，从某种意义上说，是决定活动成败的关键阶段。因为只有这个阶段操作好才能征集到大量的应征作品，打下评选作品的基础，否则，没有一定多的数量，城市形象标识就没有挑选余地。）从2012年9月11日至12月31日，征集活动持续了三个月，不但吸引了国内大批作者、设计人员参与，还吸引了英国、德国、加拿大等国家和地区的国际友人的设计作品。引起了外国人的关注和兴趣。

在征集时间剩下最后一周时，媒体刊登了一篇提醒性报道"宁波城市形象标识征集进入倒计时抓紧最后一博成大器”。主办方期待更多高手创意领先出奇兵，让有志参与者抓紧最后时间投稿。这组报道起到很大作用，征集作品在最后一周翻了几番。到最后截稿时间止，组委会共收到来自世界各地的应征作品总共5700余件，剔除部分不符合基本规范和要求的作品，共征集到有效作品5356件。创了国内城市同类活动征集作品数量之最。所征集形象标识作品大致有五种类型：

一是围绕宁波元素变形创意的，如将天一阁、鼓楼、杭州湾跨海大桥、北仑港等宁波地标建筑和人文景观作为构图要素。

二是将“书藏古今、港通天下”演化成具象的图标，如以巨轮、海洋、图书为基本元素构图。

三是将“甬”、“宁波”等汉字变形，突出城市地域的唯一性特点。

四是按照国际流行的设计理念，将现代设计元素，如结合字母、城市符号元素、三维动画等构思创意，体现出国际性、潮流性的趋势。

五是以创意取胜，多向思维，呈现百花齐放之特点。

四、收集整理，筛选评审

在作品整理归类完毕后，筛选和首轮初评，复评展开。

活动组委会共组织了三次评选工作。这个阶段社会关注度非常高，组织要格外慎密，并要体现公正性、权威性。

（一）筛选

组委会组织了包括中国美术学院、中央美术学院教授、专家，市内知名设计师共6人组成的专家组。因为应征作品数量多，大部分质量较次的作品都要被淘汰掉。因此，要求每位专家从征集到的5356件作品中各挑选150件作品。为了不遗漏好的作品，任何一位专家挑中的作品都进入下一轮评选，另外，组委会相关专业人员从中选出部分作品进入下一轮。这样，共有600件作品进入下一轮的初评。

（二）初评

2013年1月25日，活动组委会组织了由国内专业评委和市内宣传、文化、传媒、会展等领域的领导、专家组成的初评委员会，对600件作品进行了认真的评审，评选出了120件优秀作品。2013年2月4日，东南商报用4个版面刊登了120件候选的宁波城市形象标识优秀作品，接受社会的投票评选，活动官方网站也设置了专题进行网络投票。与此同时，在宁波"两会"期间，每位市人大代表和政协委员也拿了一份印有120件候选优秀作品的选票。许多代表委员也都投了一票。经过一个月的社会投票评选，到投票结束时，组委会共收到各界投票来信426封，参加网上投票的达到67.61万人次。市民对评选宁波城市形象标识投票表现了很大的热情。

（三）复评

2013年4月20日，活动组委会组织了由国内外专业评委和市内宣传、文化、传媒、外事、旅游、会展、经贸等领域的特邀领导、专家近20人组成的复评委员会，对120件优秀作品进行了认真评审。分三步评审，首先组委会介绍了120件优秀作品的信件、网络投票情况供专家参考，每位专家各选择10件作品，并对选择理由进行了阐述，通过这一环节有59件作品进入下一轮评审；其次把59件作品按得票高低排列，由专业评委进行集中评审，最后一起选择出了10件入围作品；最后每位专业评委对10件入围作品进行排序，这样产生了按先后顺序排列的10件入围作品。

不管是筛选，还是初评和复评，组委会和专家都做得非常认真细致，特别是严格按照事先设定的程序，一环扣一环，确保过程公开公正。

当然，征集城市形象标识，既是目的也是手段。目的是宁波确实需要提炼一个代表宁波城市形象的视觉识别标识。手段则是通过征集活动来营销城市，传播城市形象。借助征集活动，扩大宁波城市对外的影响力和吸引力。所以，征集活动过程，从某种意义上说比结果更为重要。

尽管组委会（专家评委会）认为十件入围作品入选宁波城市形象标识都有一定距离，尚不具备直接运用的条件。最终将采取选择知名专业团队对其中的1件或几件作品的元素或创意进行提炼修改和拓展，再正式产生最后的城市形象标识，并对其进行城市视觉识别系统的开发运用。但从城市形象营销的角度讲，历时半年之久的宁波城市形象标识征集活动，引起了社会的极大关注和热情，整个过程高潮迭起，与征集宁波城市形象口号一样，再一次完满地实现了宣传展示宁波城市形象的任务。市民反映，这种活动对宣传宁波形象,发挥了正能量作用。

宁波市委宣传部一位负责人接受《东南商报》记者采访时说，此次征集活动借助媒体广泛传播，社会反响强烈，活动本身就是对宁波城市形象的有效宣传。

附：城市形象标识征集评选（报纸版）

城市形象标识征集（评选） A叠 09

2013年2月4日 星期一

编辑：楼小娴 组版：陈鸿燕 校对：徐文广

宁波城市形象标识评选请您投票

商报讯（记者 范洪）宁波城市形象标识自2012年9月11日开始征集，截至2012年12月31日，活动组委会共收到来自世界各地的有效应征作品5356件。经过前段时间来自各界专家的首轮筛选、推荐和初评，共选出了120件优秀作品。今天，组委会将这120件优秀作品对市民公布，接受市民投票和建议。

活动组委会相关人士介绍，市民投票是进入最终评出入选作品非常重要的环节，组委会将结合市民投票选出的优秀作品，提交给最后一轮专家复评会评审，最终产生一件能够代表宁波城市形象的标识入选作品。这项工作结束后，我们将从报纸投票和网络投票中各抽取50名幸运投票人，赠送纪念品一份。读者朋友，您的热情参与，将会为宁波城市形象变得更美而添彩。

001

将宁波跨海大桥观景平台巧妙变成"多本厚书交叉叠加、甬字型的灯塔、流动的古钱币、金色的翅膀和飞翔的雄鹰。

002

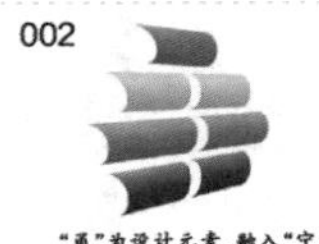

"甬"为设计元素，融入"宁波"的开头字母"nB"，并结合了叠加的书籍、扬帆的帆船，体现"书藏古今、港通天下"的城市主题形象。

003

"甬"和"宁"字的巧妙结合。

004

"甬"字造型，蕴含了海浪、祥云、书等元素。

005

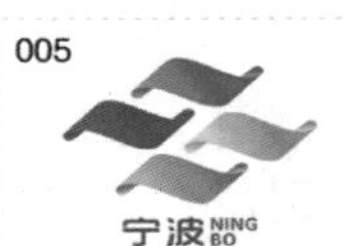

标识以"N"为设计元素，包含了书、水、彩带、船帆等设计元素。

006

标志蕴含了书、巨轮、港口、城市建筑等设计元素，极具动感。

007

以"甬"字印章为原型，传递宁波绚烂的历史文化。

008

以"甬"为原型，演变成天一阁的飞檐与层叠的书，传递出宁波千年历史脉络。

009

上方红色圆代表初升的太阳，下方的圆由蓝色和白色的海浪组成，此标志内可以填入不同的图片。

010

由中国龙、马头墙、画卷、浪花、天封塔等元素组合而成，体现"书藏古今，港通天下"的城市形象，展现江南水乡的民族风情。

011

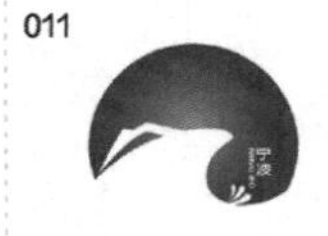

字母"N"为设计要素，蕴含展开的书卷、天一阁拱门、巨轮、水、浪花、飘动的彩带等形象。

012

一"书"一"港"，巨轮、书卷、浪花，彰显宁波特色。

013

将展开的书本演化为"起航的船帆"，体现"书藏古今，港通天下"的概念。

014

茶花的造型，包含了众多宁波要素：nb、船、海浪、飞鸟、天一阁、爱心、茶花等。

015

"Ningbo"和繁体"书"字的巧妙结合，上至下的色彩分别代表阳光、绿地、蓝天、海洋。

016

由飞翔的海鸥和书的变形所组成，具有海洋波纹的律动感，体现"书藏古今，港通天下"的城市主题形象。

017

以"N"、书、水、彩带、船帆为元素，传递宁波生生不息的发展，三江汇流入海的地域特点。

018

由"n"演绎出巨轮的造型，结合书本和爱心，展现宁波心灵港湾的新精神。

019

主体为"nB"，波浪和书卷表现宁波"书藏古今，港通天下"的城市主题文化。

020

结合字母"n"、轮船、天一阁、书卷，传递"书藏古今，港通天下"的城市文化。

021

以"甬"字为原型，结合书卷、浪花、飞鸟、彩带，展现宁波的地域特色。

022

以"N"为主题，结合书卷、水花，展现深厚的藏书脉络以及深厚文化底蕴。

023

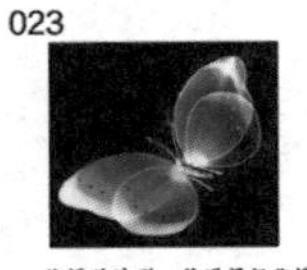

蝴蝶的造型，传递梁祝化蝶的美好传说。

024

以"甬"为主题，结合书卷、风帆、海浪、阳光，体现传统文化内涵和意蕴。

025

扇子造型，表现开明开放的格局和海纳百川的气度，蓝色体现宁波的滨海特色。

026

以"宁"字为原型，融入字母"N"结合波浪、货柜箱、书卷，体现港口城市的特征，传达历史文化内涵。

027

东方商埠，时尚水都，文化名城，扬帆起航。

028

以河姆渡的蝶形器为原型，由代表宁波的细小元素组成，从左往右分别是跨海大桥、船、天一阁、灵桥、海浪、鼓楼、丝绸、锚、樟树叶子组成。

029

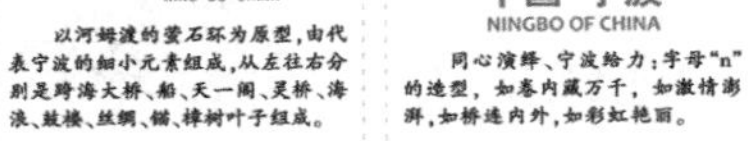

同心演绎、宁波给力；字母"n"的造型，如卷内藏万千，如激情澎湃，如桥连内外，如彩虹艳丽。

030

书卷、浪花、活力、全球、港口、宜居。

東南商報 城市形象标识征集（评选） A叠 10
2013年2月4日 星期一
编辑：楼小娴 组版：陈鸿燕 校对：徐文广

宁波城市形象标识评选请您投票

031

基本造型不仅是书卷，也是朵朵浪花，更是象征和谐的祥云，正像一飞翔的翅膀。

032

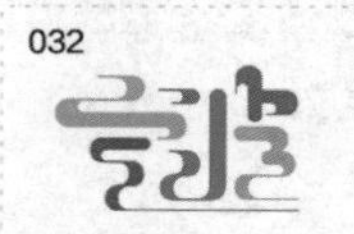

“宁波”二字包含了人、波纹、凤鸟、爱心、书等要素，古朴而不失现代感。

033

“甬”字设计成典雅的圆形窗格，并包含书的形象；印章是诚信的象征。

034

“甬”字为设计元素，自然融合了祥云、龙、波浪等形象。

035

“甬”字设计成印章造型，体现“诚信、务实、开放、创新”的宁波城市精神。

036

以“Ningbo”为设计元素，国际化的文字标志，体现宁波多元、包容的城市形象。

037

“宁波”二字巧妙融入宁波特色的马头墙和轮船造型，飞白具有一种运动感。

038

字母“n”似粼粼的波光映射出塔影；又似拱桥、似包容的双手、似彩虹冉冉升起于三江汇流之处。

039

“甬”字造型，蕴含绿色城市、蓝色港口等多重含义。

040

河姆渡文化的水纹、鸟纹、鱼纹、书卷、甬江、海港、波浪、彩云、彩带……构成意象化的“甬”字。

041

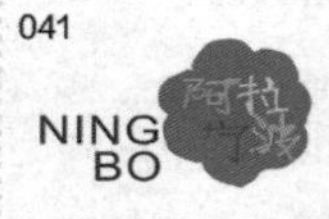

一句“阿拉宁波”，把作为宁波人的自豪感表述得无限真切，充满情感……

042

“甬”字为基本要素，整合字母“N”、翠头、纸雀、建筑等元素，构成现代、多彩、迷人、独具特色的宁波城市品牌形象。

043

简洁的线条代表白墙黑瓦，体现水天一色的江南水乡。

044

以中国红为主色调，以宁波地图为印章底图，以篆书“甬”字为印，具有浓厚的中国风。

045

将河姆渡文化的象牙蝶形器设计成“甬”字，同时包含了书本和集装箱的形象。

046

甬城首字母“Y”，展现出振翅高飞的海鸟形象。

047

波光粼粼的海面景色寓意宁波，三条波纹则是对三江汇流的概括。

048

波纹体现宁波的地域特点，错落相叠的书卷体现宁波的文化底蕴，千帆出港则体现宁波的国际化港口城市地位。

049

橙色代表创新，绿色代表希望，蓝色象征海洋的色彩，粉色象征美好前景。

050

运用字母N和河姆渡文化遗址的图形，饱含了对未来的深切期望和面对世界的姿态。

051

三条波纹，三种色彩，包罗万象；蓝色代表大港，绿色体现商贸，红色彰显文化，黄色意喻和美……

052

由“N”演变为一个抽象的爱心，体现了历史对接现代、宁波对接世界。

053

Ningbo China
中国宁波

“甬”字融入字母“N”，球形象征立足中国，放眼全球，色彩寓意“碧海蓝天、绿色环保”。

054

字母“NB”和右侧翻动的波纹代表宁波三江之水和书页等元素。

055

标志的三个色块象征书本、风帆和波浪。

056

既是一本翻开的书，又像是一泓微波，体现宁波城市文化底蕴和国际化港口的特色。

057

来源于书和港的造型，又是字母“n”，突出城市多彩的文化。

058

扇形展现宁波悠久的文化传统，也体现着宁波的开放和包容，又像桥梁，象征沟通世界。

059

标志既是“宁”、也是“甬”，同时还是字母“n”，包含了远航、船锚、波纹、书等要素。

060

以天一阁藏书画卷为元素，结合字母“N”，展现内涵深厚的宁波文化。

城市形象标识征集（评选）

A叠 11

2013年2月4日 星期一

编辑：楼小娴 组版：陈鸿燕 校对：徐文广

061

以“N”为造型元素，形似书卷，亦是海浪，通透的色彩展现多彩与包容。

062

三种颜色代表姚江、甬江、奉化江，江流演化成书本。

063

“甬”是一方厚重的印玺，也是古书的造型，背景为蓝色的海港和盛放的花朵。

064

字母“NB”演化而来，既是书的形状，又是海鸥的形状。

065

集装箱、书藏古今、百舸争流、百花齐放、高楼林立等元素，通过色彩叠透的手法，组成汉字“甬”。

066

水滴凝聚成水晶的造型，寓意宁波以水为魂、港通天下。

067

书卷的图形结合“N”，组成“甬”字的变体，也似船上扬起的风帆。

068

方形与“甬”字组合而成，深红代表品质、高贵及涵养。

069

以篆书“甬”进行演变，巧妙地将船帆、刀币、鼓楼等要素进行结合。

070

“N”用水墨表现，体现“书藏古今”，“B”字变形为“帆”，“O”变形为海浪，如太阳初升，寓意“港通天下”。

071

汉字“宁波”结合书籍、云纹、水纹的变化，温婉的线条传递宁波的城市气质。

072

以书展开的形态，组成“N”字母造型，下部为水纹，多色块寓意繁荣昌盛。

073

将鼓楼的门洞与甬字虚实结合，绘制出宁波的简称“甬”字，唤起宁波人的情感共鸣。

074

“甬”字入手，以海水为元素，通过两个颜色的波浪穿插，形成简称“甬”字。

075

图形象征包容性、开放性和现代感，蝴蝶形态来源于梁祝化蝶的典故，下面的水滴形状代表了海洋文化。

076

“甬”字融合书卷、拱桥、水中倒影、海浪、书法等元素，表现书藏古今，港通天下的城市形象。

077

“N”字母演变为折纸，体现展翅的形象。

078

以“Ningbo”每个字母作演变，融合了河姆渡、天封塔、日湖、月湖、三江、海港及日出东方。

079

“凤舞三江”，创意源自河姆渡陶器纹饰，以“n”和“b”为原型，似海浪，又似飞舞的古代图腾凤凰鸟。

080

抽象的“甬”字，如起航的风帆，似翻动的书页，又似飞翔的翅膀，体现港城文化特质。

081

图形古典印章，体现古典美，“宁波”二字具小篆意味，“宁”字的一点用了茶花的形象。

082

“海定则波宁”，三条波浪引申为三江口和展翅的海鸥，也像古书卷和扇子，以及极具江南特色的瓦片。

083

帆和书简的元素，体现“书藏古今、港通天下”的城市主题形象，突出宁波的海洋文化。

084

“海定则波宁”，图形灵感来源于天一阁建筑和河姆渡石碑，既是海浪，又酷似书本，体现“书藏古今，港通天下”的城市文化内涵。

085

书汇成帆、港通四海、帆涌而来，体现宁波人涉海越洋的开创精神。

086

“Ningbo”与羽人竞渡的造型相结合，展现宁波自古以来人、海、舟密不可分的关系。

087

心形标志，体现宁波的幸福感，花朵彰显宁波的美丽和优雅。

088

英文“Ningbo”设计而成，“g”字与天一阁巧妙组合成“宁”字。

089

“甬”字组成水波纹造型；三个人字表现宁波帮的团结精神。

090

“甬”字融入海浪、海鸥、彩云、古书架等元素，点题“书藏古今，港通天下”。

091

“n”字母书的造型似宁波之门，三条线代表三江。

092

源自“波”字的三点水，与河姆渡的形象构成一个抽象的“宁”字；太阳与水的造型，表现宁波以水为魂。

093

以“N”为元素，与海浪结合，也是桥梁的造型，体现了宁波是与国际交流沟通的重要桥梁。

094

“甬”字造型，奔“甬”而来，形似宁波版图，又像打开的书；还似船帆，寓意港通天下。

095

以宁波特色文化为主题，以现代表现手法，综合表现了羽人竞渡、太阳神鸟、天一阁、NB、绿色宁波、海浪、海星等元素。

城市形象标识征集（评选） A叠 12

2013年2月4日 星期一　　编辑：楼小娴 组版：陈鸿燕 校对：徐文广

宁波城市形象标识评选请您投票

096

结合天一阁、书、水及"宁"字特点，变形重构，设计简洁，寓意深刻。

097

"甬"字的变形，集书、船、鲜花和海鸥等元素，将传统底蕴与现代气息相融合。

098

由"甬"字变形，集合海浪、书卷等元素，象征宁波独特的内涵和气质。

099

以首字母"nB"构成，如同奔腾的海浪，又似打开的书本，体现了宁波城市主题形象。

100

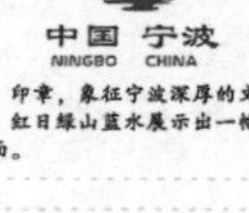

印章，象征宁波深厚的文化底蕴，红日绿山蓝水展示出一幅美丽画面。

101

以花瓣和书，配以色彩缤纷的颜色渐变，表达"书藏古今，港通天下"的宁波城市主题形象。

102

水、帆船、书、三江口，运用抽象手法与"n、B"融为一体，给人想象空间。

103

以鼓楼、古船设计的"宁"字，又像是海上丝绸之路，三条水波纹寓意三江。

104

以"甬"字组成的浪花，展现了宁波生生不息、无限的发展潜力。

105

"宁波"演变成双鸟朝阳图案，体现深厚的文化底蕴，水的图案体现了宁波的城市特点。

106

"甬"演变成古帆船顶部是"人"字，下部是展开的书卷，体现三江汇流。

107

水滴造型，蓝色对话框，蕴含"水、海、港口"等元素，诉说着宁波是一个现代化国际港口城市。

108

汉字"宁波"，造型动感，构思巧妙，体现港口历史文化名城的精神。

109

简洁的图形包含着包罗万象的寓意：港口、图书、知识、大海、开放等等。

110

英文首字母"N、B"的融合，形似书海，寓意书藏古今；蓝色的海洋寓意港通天下。

111

以"宁"字为基础，祥云简洁现代、古今包融，寓意勇立潮头。

112

英文首字母"N、B"的演变，融入了人、三江、海鸥、浪花等要素，水墨诠释了宁波历史文化底蕴。

113

水纹抽离出"甬"字图形，整体如同一池江南碧波，又如同抽象的港口风景。

114

一个多元化的标志，包罗万象，可以是任何宁波的宣传元素。

115

标志以一艘船为载体，融入了宁波的现代化建设。寓意宁波将驶向更美好的未来。

116

飞鱼造型寓意港口，也代表桥梁，"甬"字隐约可见，形象飘逸。

117

标志以海蓝色为主色调。左下是抽象帆船造型的大写字母"N",logo的中间部分是蓝色大写字母"B"。

118

"甬"字造型，与字母"n"和"b"相结合，上部的短横也是河姆渡文化"双鸟朝阳"的造型。

119

标志主体结构仿佛轮船头和宁波英文首字母"N"，叠加组合成一个寓意丰富的造型——张开的手、飞翔的海鸥、翻开的书、码头上停泊的远航轮船。

120

图形自左向右分别为波浪、书卷、祥云，凝聚成三江汇聚之气。

说明

请读者从上面120件优秀作品中选择您认为最能代表宁波城市形象的1件作品。将作品编号及相关信息写入右边选票表格。剪下选票贴在信封背面，寄到"宁波市灵桥路768号，宁波城市形象标识征集办公室收，邮编315000"。

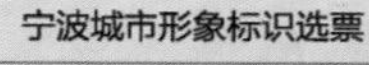

宁波城市形象标识选票

编号			
投票人通讯地址			
投票人姓名		联系电话	

或者进入网站：nblogo.cnnb.com.cn，选择1件作品编号进行投票，并留下您的姓名、联系方式、通讯地址。
投票时间：2月5日至3月5日。

第八章 传播城市形象与文化创意产业

书城夜景

城市形象传播与文化创意产业发展有着密切关系，城市形象的塑造和传播将会为文化创意产业带来巨大的拓展空间和潜在商机。而文化创意产业的发展，又可以为城市形象推广和提升起到催化剂和加速器的作用。开拓城市形象文化创意产业，与宣传城市形象相辅相成、相得益彰、互现光芒 ……

第一节　城市形象文化创意产业化

一、抓住机遇发展城市形象文化创意产业

城市形象传播与文化创意产业发展有着密切关系，城市形象的塑造和传播将会为文化创意产业带来巨大的拓展空间和潜在商机。而文化创意产业的发展，又可以为城市形象推广和提升起到催化剂和加速器的作用。

文化创意产业，又称创意经济、文化产业等，是以创意为核心，以文化为灵魂，以科技为支撑，以知识产权的开发和运用为主体的知识密集型、智慧主导型产业。联合国科教组织对文化产业的定义是："结合创作、生产等方式，把本质上无形的文化内容商品化。这些内容受到知识产权的保护，其形式可以是商品或服务。"

作为21世纪的新兴朝阳产业，文化创意产业正在蓬勃发展，并逐步成为一些国家和地区经济社会发展的重要动力，其发展规模与水平已成为衡量一个国家或地区综合实力的重要标志。从国内城市比较而言，近年来，文化创意产业在北京、上海、广州、深圳和杭州快速发展，并取得了令人瞩目的

成绩。宁波市文化创意产业虽然与一线重要城市比还有差距，但应该说已经显示出了自己的特色，也有长足的发展。

就文化产业而言，有业内人士撰文认为宁波的现状可用“快、好、优”三个字来形容。所谓“快”就是整体发展速度较快，近5年来全市文化产业实现的增加值每年均以近20%的幅度递增，特别是以创意为主的新兴文化产业，显现出快速增长的趋势。所谓“好”就是文化产业的发展环境逐步向好，各级政府出台了一系列扶持发展的政策和举措，使文化产业的社会环境和投资环境日益改善，尤其是鼓励和吸引了大量社会资本的融入，为文化产业的健康发展注入了新的活力。所谓“优”，就是文化产业的整体结构有所优化，文化及创意产业的新的业态快速兴起，核心层占有比率有所上升，骨干企业逐步壮大。

但横向比，有成绩也有不足，“短板”突出。主要表现在两个方面：一是总量不大，二是核心竞争力不够。据统计，2011年宁波全市文化产业增加为295.44亿元，占GDP比重为4.88%，与杭州、深圳、成都等文化产业发展较快的兄弟城市有巨大差距。当前，宁波文化产业发展面临着一个难得的机遇，市委市政府提出的建设文化强市的目标，将为文化产业的发展提供有利条件；加快经济发展转型升级，将为文化产业的发展创造好的机遇；以新科技为主推动的智慧城市建设，将为文化产业发展插上腾飞的翅膀；市民文化消费需求的不断增长，将为文化产业打开广阔的空间；实力雄厚的民间资本进入，将为文化产业发展注入新的生机和活力。

专家研究认为，宁波发展文化产业，一定要善于抓住当前良好机遇，一是依靠政府政策引导的优势，二是民营资本与市场化产业程度高的优势，三是作为文化历史名城文化底蕴深厚的人文优势，寻找出一条文化创意产业与城市形象对外传播融合、相向发展之路。

所以在这样的背景下，提出宁波城市形象文化创意“产业化”概念就有现实的基础和发展的空间，它是对一座城市的再创意。

二、城市形象文化创意产品开发

城市形象传播既为文化创意产业提供了巨大的创意空间，同时文化创意产业，又为城市形象增添了最新的丰富内涵。它们这种互为依存的关系，可以预见将推动城市形象文化创意产业的大发展。

城市形象的文化创意产业化，是指传播和塑造城市形象密切相关的文化创意的商品开发和服务活动，以市场之手来塑造和推广城市形象。广义的城市形象文化创意产业可包括的范围十分广泛，大到城市规划基础建设、民生重大项目建设，这里暂且不论。狭义的城市形象文化创意产业则可确定为直接为城市营销、城市形象宣传展示和塑造服务的产业，包括城市形象的影视动漫、图书出版，其次是文化旅游服务，三是纪念品、礼品、商品开发，四是城市文化形象文化内涵的创意开发等。在宁波的城市文化中，有书藏古今的藏书文化，港通天下的海洋文化，再进一步细分，以河姆渡遗址为代表的史前文化，以上林湖越窑遗址为代表的青瓷文化，以天童寺为代表的佛教文化，以“宁波帮”为代表的商贸文化以及海上丝绸之路文化和丰富的民间民俗艺术文化等等，它们既是城市形象的内在元素，又是可为城市形象的展示传播和塑造提供创意产业的丰厚背景基础，具有系统开发创意的巨大潜力。

第二节 城市形象文化创意产业链

一、城市文化旅游创意产业展示宁波城市形象

文化创意产业是最能体现“长尾”效应的产业，而以城市形象塑造和建设为内容的文化创意产业，其产业链的延伸文章大有做头。从产业的角度说，展示城市形象最直接的目的是更好地发展和带动城市旅游业，城市形象影响力提升则能加速提升城市旅游业的吸引力和关注度。宁波作为国家优

秀旅游城市，虽然在旅游产品开发、旅游服务业诸方面有较好的基础，但拓展空间还是很大。特别是应该通过城市形象文化创意产业对旅游业的浸润，激发出更强的魅力、更新的活力和更具特色的吸引力。

（一）高铁提升城市新形象推旅游新创意

随着杭甬高铁的开通，高铁时代已经到来，它将极大地改变现有的旅游空间结构，加速城际旅游市场的同城化、区域化和一体化。

由于高铁具有运量大、密度高、通达性强，公交化运营便捷、减少过夜、节省花费等优势，能像磁石一样产生强大的“聚客效应”，所以，未来的游客将更多地选择高铁出行。宁波与杭州自不用说，宁波与上海、南京等主要客源地城市也将形成“2 小时旅游圈”，作为长三角南翼中心城市也就有望成为游客常来常往的休憩地和新的旅游目的地。

而且，与杭州的湖光山色、苏州的江南园林、南京的古城风韵相比，宁波的海洋文化与上海的海洋文化有着更深的渊源。

因此，从城市文化的认同、趋同到旅游业的“同城”、“融城”都将有巨大的互利性和相互吸引的拓展空间。所以，进一步打好城市形象文化牌、亲情牌，开拓宁波新型的城市形象文化创意旅游业，形成宁波城市形象文化创意旅游产业链大有可为。

▼宁波新南站效果图

▲高铁

（二）以海洋文化为主的海洋文化创意旅游

随着象山港跨海大桥的建成通车，上海到宁波（象山）将形成“两小时海洋旅游圈”，重点可打造滨海度假、邮轮游艇、海上运动、海岛旅游和海洋文化观赏及海洋文化创意旅游纪念品的产品开发等系列旅游项目，培育吸引上海及长三角其他城市的富有文化创意的吸引物。

（三）开发文化创意旅游业做好“快旅慢游”文章

有专家提出，高铁时代缩短了“旅”的时间，延长了“游”的时间，如何让游客在旅行中慢慢品味宁波城市文化，做好“慢游”的文章，将成为宁波旅游发展的最大挑战。同时，高铁时代也为沿线城市文化创意资源的交流和集聚提供了可能，文化创意产业的市场范围也将进一步扩大。因此，宁波要力争整理、挖掘、发现自己更有差异性、更有卖点的文化创意产品，开发出更富有文化创意的旅游商品，在产品、服务、活动上体现出宁波城市的特色，吸引游客来了想再来，能再来，重复来。

（四）重新设计宁波旅游形象，并加以推广

宁波已在央视推出《香约宁波》旅游的形象广告片，可加大对高铁沿线主要城市的广告宣传投放力度，并从展示宁波城市新形象的角度，提炼出更具吸引力的视觉效果，将宁波旅游城市形象从一般观光型到能够深入体验型，展示宁波城市新魅力。

（五）培育文化创意旅游新业态

积极培育适应高铁时代市场旅游新业态，如高铁时代将使沿线旅游转化为板块旅游，从景区景点等产品建设过渡到目的地建设。这就要求我们对传统的旅游业态进行调整提升，同时要积极培育适合高铁市场的旅游新业态。在都市游憩圈内要加快培育能够延长游客逗留时间，延伸文化消费的“城市文化综合体”，并积极发展会议、会展、会奖型目的地饭店集群。在海滨、湖泊、山地等郊野地区，要引导发展主题旅游、海洋休闲旅游、体育旅游、养生旅游等特色产品。加快布局建设骑友、驴友驿站，自驾游营地、青年旅馆、乡村客栈等新型住宿，使城市形象文化创意产业链之旅游业的链条不断拉长。

二、丰富“书藏古今”文化创意产业链提升城市形象品质

宁波的“天一阁”被认为是“我国乃至亚洲存在最久的私家藏书楼，也是世界范围内位居第三的藏书历史连续未断的三大藏书楼之一”，有着丰富的馆藏文化和历史内涵。从塑造宁波“书藏古今”的城市形象特质的角度来审视，具有开拓文化创意产业的巨大空间和现实可能。

（一）文化旅游业的新拓展

参观过“天一阁”的人都有感觉，如果没有导游引导和讲解，到天一阁游一趟，就像进了宁波的一家老宅子，既难以窥见有特别价值的藏书，也看不出它在历史和中国文化中的显赫地位。从游客和文化创意的角度看，可以针对这块再做创意文章。可在附近辟出动漫区和影视区等现代化场馆，开发“天一阁”形象广告宣传、动漫、影视图书等系列产品，通过现代科技手段，为游客提供更丰富全面，更具有吸引力的文化创意产品，以满足多层次游客的新需求。

（二）把“天一阁”藏书文化节融入宁波市大型活动

一是继续开展“藏书票知识讲座”、“中国现存藏书楼陈列”等向公众开放的活动。培育藏书文化交流、藏书票收藏交易市场；二是与宁波书城一道，领衔主办宁波读书节、书香文化节等活动，设立常规性的读书奖项向市民发

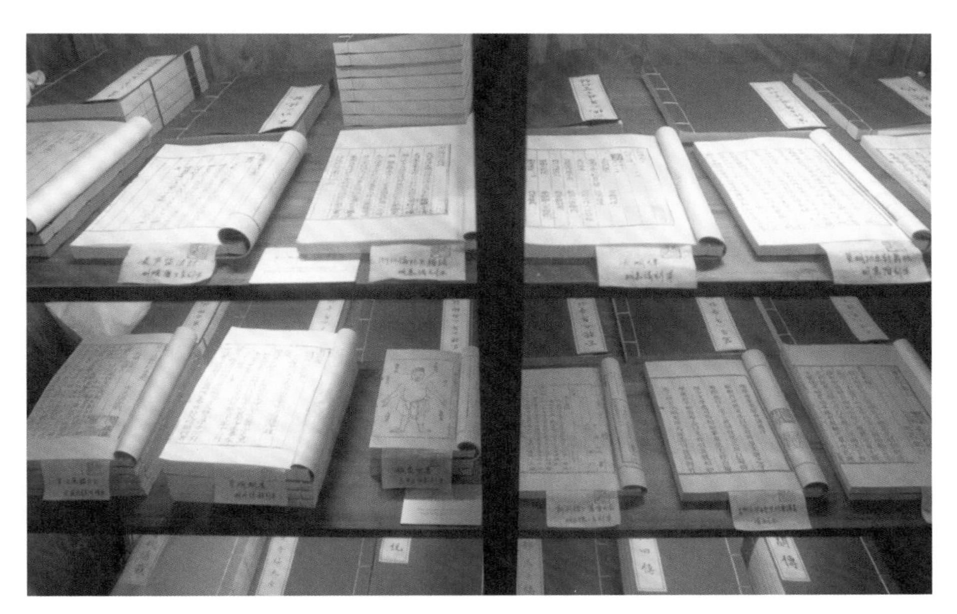

▲天一阁藏书

布等。

（三）助推“天一阁”古籍再造工程

天一阁保存了有关明代的直接史料，丰富了“书藏古今”形象，彰显宁波城市文化品质。许多文献和藏书十分珍贵，可通过文化出版工程和文化创意策划，使古籍再生光辉，特别是通过创意创新的形式，让青少年有更多机会了解古时的奇书奇文。

城市形象口号“书藏古今，港通天下”，将宁波古代文化和现代文明有机结合，营造了宁波的城市形象特质。但藏书文化特别是天一阁文化在城市建设中的特色尚没有完全展示出来。打造“书藏古今”的文化创意产业之一是可在宁波月湖历史文化街区改造过程中，凸显天一阁的示范作用，将天一阁打造成中国藏书文化的收藏、研究、展示、交流中心，打造成宁波市内AAAAA级名胜景区，积极组织与规划天一阁申遗计划，挖掘展示宣传“天一阁文化”，在宁波历史文化名城中彰显“天一阁”特性，使“书藏古今”切实成为宁波的直观城市形象。

三、城市形象主题系列产品开发展示城市新魅力

影视动漫产业近年来在宁波发展迅速，精品频出。有资料显示，2010 年宁波动漫产量位列全国十大原创电视动画片生产城市第七位，浙江省内第二位，电视剧的制作水平也位居国内领先的水平。这些直接的文化创意产业本身就代表了宁波现代化文化强市的新形象，在城市形象对外宣传进一步加强的大背景下，直接围绕展示宁波城市形象之现代化国际港口城市、国家历史文化名城、江南水乡的区域文化特色形象的影视广告宣传、动漫制作也都有非常迫切的市场需求和期待，具备了城市形象文化创意产业化形成的内外部条件。现在许多城市形象广告宣传和相关产品同质化现象严重，缺乏创新和创意。其主因是政府代替了市场，专业化市场策划不到位，如何通过市场之手拓展城市形象文化创意产业并形成产业链值得期待。城市形象展示宣传的系列产品，包括图书、商品包装、礼品、纪念品等更是文化创意大有可为的天地。一个唐老鸭、米老鼠的形象可以形成一个行销世界的文化产品产业链，而一个城市的形象在创新设计之后，其产业发展的潜力天地

▼新建成的宁波文化广场

之宽阔，理论上更应是无穷尽的。

2013 年 10 月，宁波市文化广场落成正式对外开放。这座由政府主导，通过市场运作，由宁波市投资开发集团控股的宁波文化广场投资发展有限公司建设运营的，集文化、科技、娱乐于一体，涵盖国际影城、大剧院、科学探索中心、儿童娱乐、教育培训、群众表演、健身中心、文化会所、艺术沙龙九大主题功能的“文化航母”—— 大型公共文化综合体，项目总投资 32.5 亿元，成为国内首创的大型获知型娱乐综合体。其特点是通过市场化、产业化运作的手段，将公共文化功能与商业服务功能有机融合，为宁波市文化建设改革创新和产业开发创新提供了新模式。

2013 年国庆期间首次开放，即吸引了近 10 万市民游览参观娱乐互动，也成为了展示宁波城市文化形象、打造文化强市品牌的新窗口和新标志。由此也可以看出，城市形象文化创意产业开发的潜力是巨大的。

所以，开拓城市形象文化创意产业，与城市形象的宣传和展示其作用是相得益彰、相辅相成、互现光芒的。

结 语

综上所述，宁波城市形象对外宣传和传播，须以城市形象塑造和建设为基础，在塑造中营销城市，在建设中传播城市。概括其所有举措和对策，就是以“书藏古今，港通天下”为脉络，以导入城市CIS建设为抓手，围绕城市定位与品牌形象，做实做透外宣文章。

“港通天下”是对外宣传经济发展的主线，从打造海洋文化节提供载体，到实施港桥联动的外宣战略，到“借船出海”的具体战术，都是围绕“港、桥、商”三个重点来策划，来深入，来展示；而“书藏古今”是文化外宣的主线，从打造书香文化节搭建平台，到深入宣传城市形象口号，到整合宁波非物质文化元素对外传播，到“借腹生子”、“借势扬名”的策略运用，到内外运作，举办“宁波国际体验日”，都是围绕宁波特色文化的主线进行，做出亮点，打造软实力，传播宁波影响力。让城市建设与城市营销同步，内塑品质，外树形象。以洋洋东方大港之国际现代港口城市的形象定位，凸显商、港、桥（跨海大桥）、文四大元素的宣传亮点；以财富甬商创新业绩的传奇、新老宁波人共建和谐幸福宁波的风采，凝聚慈孝文化、商务文化、和美文化之力量，打造海港城市、文化强市、幸福城市；以国际视野、整合传播理念、双向互动形式，展示城市营销的亮点、看点和卖点，引发和唤起市外、境外、海外广泛共识共鸣，达到一呼百应、一鸣惊人、一石双鸟的城市形象对外宣传效果。以资源整合的系统营销宣传，文化创意产业的开发融合创新，提升市民对城市的认知度、自信心和自豪感，推动城市在国际化大背景下新一轮发展的大潮中脱颖而出。

主要参考文献

[1] 倪鹏飞 . 中国城市竞争力报告(2004 年)[M]. 北京:社会科学文献出版社,2004.

[2] 余明阳,姜伟 . 城市品牌 [M]. 广州:广东经济出版社,2004.

[3] 王志纲 . 城市中国 [M]. 北京:人民出版社,2007.

[4] 孟建,何伟 . 城市形象与软实力 [M]. 上海:复旦大学出版社,2008.

[5] 李兴国 . 北京形象:北京市城市形象识别系统(CIS)及舆论导向 [M]. 北京:中国国际广播出版社,2008.

[6] 林广 . 浅论美国纽约的城市形象 [J]. 城市问题,1998,3.

[7] 杨嘉镕,陈洁行,沈悦林,陈玮,李子松,潘跃龙 . 杭州城市形象研究报告 [J]. 杭州科技,1999,2.

[8] 殷好 . 城市对外形象传播研究 —— 以南京市对外形象传播为例 [D]. 南京:南京师范大学新闻与传播学院,2007.

[9] 成宝平 . 城市品牌形象的视觉符号研究 [D]. 长沙:中南大学艺术学院,2009.

[10] 邹时光 . 提高城市竞争力必须加强形象宣传 [EB/OL].[2006-02-13]. http://www.jx.xinhuanet.com/jxzw/2006-02/13/content_7027887.htm

[11] 宁波市统计局,国家统计局宁波调查队 .2012 年宁波市国民经济和社会发展统计公报 [EB/OL].[2013-02-04].http://nb.zjol.com.cn/nb/system/2013/02/04/019132765.shtml

后记

2009 年 6 月，宁波市政府发展研究中心公布了一批宁波市社会科学研究重点课题，其中有一项为《宁波市加强城市形象对外宣传的对策研究》。因为我刚刚参与完成了“书藏古今，港通天下”宁波城市形象口号征集任务，由于这项被认为是宁波城市形象对外宣传取得重要阶段性成果的工作，我对城市对外宣传工作有了一定的接触，并进行了一些理论性探讨。于是选择接下这项课题进行研究。由浙江纺织服装技术学院一位教师和我及市外宣办许光亚同志作为成员，组成课题研究小组。但接下课题后也发现，这项工作是一个很大的系统工程，要完成这项课题难度还真不小。在当时即使想“博览群书”却也找不到更多的资料支撑研究不说，外地的经验也难以套用到宁波的实际。

不过，好在长期从事媒体宣传工作，多年来也参与过一些重要的外宣活动和新闻宣传，积累了一定的实践经验，加之平时的了解和“揣摸”城市形象的塑造和传播问题，结合课题组成员各自优势整合，于是，我们选择了从实证调查入手来解决这一课题的症结和攻克方向。从接手这一课题，到执笔完成，整整一年的时间，几乎大部分的周末和节假日都搭了进去。好在种豆得豆，经过课题组的共同努力，于 2010 年年底研究课题顺利结题。

市政府发展研究中心以“有专家建议‘宁波市城市形象对外宣传对策可用“七借”策略’”，作为结题报告编入发展研究中心的决策参考，供市委市政府领导及有关部门参阅。研究的部分成果还被有关部门应用。

2012 年，市政府外宣办再次委托我供职的东南商报社作为承办单位负责面向社会征集“宁波市城市形象标识”的工作。我想到城市形象对外宣传确实是迫切需要加大力度做好的问题，应该唤起更多人对搞好宁波城市形象宣传重要性的认识。于是着手撰写这部书稿。

其时，市外宣办的同志提供了一份简报，就有关专家提出“如何破解宁波城市形象宣传碎片化”的问题，市主要领导作出批示，要求有关部门认真研究解决。而本书的阐述，自认为正是较系统地论述和研究了这方面问题，并立足于解决“宁波难题”，正切破解城市形象宣传“碎片化”之症结。于是抓紧了本书的写作。算起来,前后历经了五年时间。

此书的出版，得益于《宁波城市形象对外宣传对策研究》课题组打下的基础。而在成书过程中，特别得到宁波市委宣传部张松才、郑丰、李可等领导的关心，以及对外宣传处胡文飞、陈斌等同志的热情支持，把他们对工作的一些思考提供给我作资料。书中也应用了甚至是直接引用了包括他们在内的一些朋友和专家的研究成果。而书中列出的征集宁波城市形象口号和征集宁波形象标识的案例和实践，总结了东南商报等媒体配合市外宣部门开展大型外宣策划活动的做法。这些活动，均得到宁波日报报业集团领导何伟、赵晓亮、王存政，还有陈仲侨、唐慧明、陈剑虹等东南商报编委会领导成员的鼎力支持。施昊、卢科霞、范洪、楼小娴等商报许多工作人员密切配合和具体落实，也确保了活动的成功开展。书中选用资料照片由市外宣办以及商报视觉部戚颢、刘波、王增芳等多位同志收集提供。在此一并表示衷心的感谢！特别还要诚挚感谢曾经领衔“城市形象与软实力——宁波市形象战略研究”课题，为宁波市城市形象和品牌建设贡献过智慧和心血的复旦大学新闻学院博导、享受国务院特殊津贴专家孟建教授，挤出宝贵时间为本书撰写序言；宁波市美术家协会主席何业琦先生为书名题印。

但也要说明的是，因为本人从事的传媒工作以实际操作为主，理论涉足不深，书中一些观点和切入的角度未必完全正确，目的是抛砖引玉。所存缪误和不妥之处,恳请读者批评指正。

许雄辉

2013年10月1日